手心里的小森林

苔藓瓶微景观制作

用科学方法养护苔藓

用手工造景治愈生活

〔日〕大野好弘　著

刘晓冉　译

河南科学技术出版社

·郑州·

苔藓瓶微景观的魅力

从忙碌的日常中抽身，去近郊的森林吧！沉浸在森林中，偶遇苔藓，心也随之平静下来。

苔藓拥有不可思议的魅力。

虽然是很小很小的植物，但放大看的话，苔藓的形态是那么可爱，让人想一直看着它。有的苔藓在看似有水滴落的地方闪闪发光，有的苔藓仿佛绿色绒毯一般蓬松铺展，有的苔藓形成了非常可爱的群落……苔藓以各种各样的姿态迎接着我们。

苔藓的颜色因种类不同、季节不同，呈现出深绿色、浅绿色、明亮的薄荷绿色等十分多样的颜色。将几种苔藓放在一起看，便能明白其中微妙的差别。

另外，苔藓的形状有的看起来像椰子树，有的像动物尾巴，有的像星星，非常有趣。光是看着就很惬意。看着看着，我便想将这森林的一部分原样带回家。苔藓瓶造微景观，使之成为可能。

本来想着苔藓在哪儿都能生长，栽培起来也应该很简单吧，却意外发现想要持久保持漂亮的状态是非常难的。不了解各种苔藓本身的习性，将苔藓都按照相同方法栽培是不行的。用土、种植方法、养护要点等，都要符合苔藓的生长习性才可以。

但是稍下些功夫，就能持久地观赏苔藓。本书将详细地介绍这些技巧。请跟我一起创造出一个独一无二的掌中森林，好好欣赏它吧。

目录

第1章

苔藓的种类和基本种植养护方法

苔藓是我们身边的植物。下面将介绍栽培苔藓的建议和技巧。

不同种类的苔藓，适宜的环境也不同，比如日照充足的干燥处、河流浅滩等阴凉潮湿处、森林中的树荫处等。将生长环境相似的种类放在一起种植，便能制作出可以持久观赏的苔藓瓶微景观。

制作苔藓瓶微景观时所需的工具有镊子、剪刀、勺子等，非常简单。用家中带盖的可爱的玻璃容器，马上就能制作。

只要遵守要点，苔藓瓶微景观打理起来很简单。挑选几种生长需求相似的苔藓，制作可爱又漂亮的苔藓瓶微景观吧。

INFANTRY
UNIFORMS

常用的工具

镊子　为了夹起纤细的苔藓，请尽量选择轻便的镊子。长度20cm到25cm的更易使用。镊子尖端又直又细并且内侧进行防滑处理的最好。照片中的镊子顶端有一个小勺子，样式独特。

勺子　最好选用不易生锈的不锈钢勺子，在放入沙砾或土时使用。

剪刀　使用刀刃较窄的剪刀，可以一边观察着苔藓一边剪，使用非常方便。用于剪下假根或修剪长长的部分。

装土容器　可以用碗等圆形容器。如果是有角的容器，不便铲土。

桶铲　选用较小的桶铲。用桶铲向容器中填土十分方便。

喷壶　最好选用倒置也能喷雾的喷壶，不仅可以在给苔藓浇水时使用，还可以喷掉制作作品时沾在容器内壁上的土。

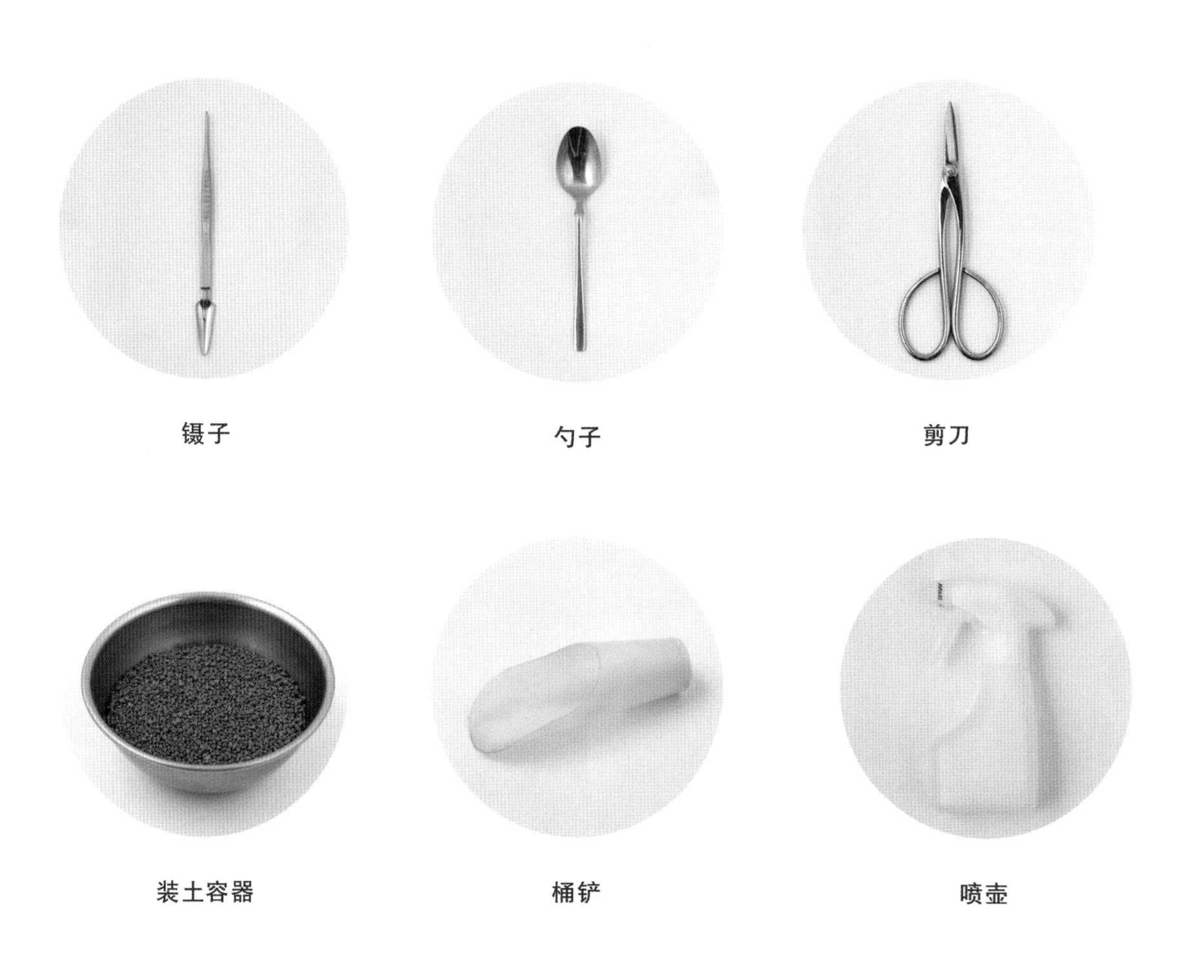

镊子　勺子　剪刀

装土容器　桶铲　喷壶

硬质赤玉土

沙砾

沼泽黏土

常用的种植土

· 硬质赤玉土

在本书中，小粒的硬质赤玉土作为基本的种植土使用。

赤玉土分为软质和硬质。软质赤玉土就是在园艺店或家居商城中被称作赤玉土的产品，虽然价格便宜，但是会溶于水，导致造景失败，所以无法用于苔藓瓶造微景观。

制作小型盆景作品时，需要选用不易溶于水的硬质型赤玉土。可以在网上购入。如果买不到，可以选择烧成赤玉土*。

赤玉土是弱酸性的。因为苔藓不喜欢碱性环境，所以如果混合碱性的轻石或炭、稻壳炭，苔藓便不耐养，很容易枯萎。建议单独使用硬质赤玉土。

· 沙砾

铺在硬质赤玉土上方。不让苔藓吸收多余的水分，并起到冷却的作用。沙砾选用不会在水中溶出碳酸盐的种类。寒水石和珊瑚岩会在水中溶出碳酸盐，使水成为碱性。

· 沼泽黏土

制作苔藓球时，代替粘贴苔藓的胶水使用。细腻有黏性的沼泽黏土最好。一旦干燥的话，就会非常难以吸水，所以一定要带着袋子放入密闭容器中保存。

---

* 赤玉土是由火山灰形成的高通透性的火山泥。

在网上购买的苔藓，不同种类的苔藓会装在不同的容器中配送到家。

苔藓的入手方法

▪ 在园艺店或网上购买

近年来，苔藓瓶微景观已经成为较为大众的兴趣爱好，所以可以在园艺店或家居商城中买到苔藓。另外，也可以在苔藓专卖店或生产商的网店中购买。

根据季节与生产状况的不同，能购到的苔藓种类也会有所变化。在网上搜索一下，找找喜欢的店铺吧。

购买苔藓时，请事先和店家确认，是野外采集的还是栽培增殖的，请选择栽培增殖的苔藓。如果只有野外采集的苔藓，请购买在采集后已经养护过一段时间的。在实体店中购买时，请选择鲜绿色且没有新叶伸展出来的苔藓。

收到苔藓后请立即开封，放在阴凉处。夏季高温时，如果是短时间存储，可以将小盒子放入冰箱的蔬菜保鲜室中保存。

▪ 天然苔藓的采集和养护

如果有机会进入原始森林，便会见到天然生长的苔藓。还可能遇到在园艺店或网上没有的苔藓种类。采集自然生长的苔藓时需要注意的是，在国家公园等特别保护区和自然环境保护区全域内，均不能采集苔藓。在个人和团体的私有地域内，需要经过管理者的许可后方能采集苔藓。即使获得了私有地域管理者的许可，也请勿大量采集苔藓，更不可将苔藓全部采完。如果全部采集了，就无法再长出来了。而有些种类的苔藓，生长非常缓慢，只采集所需的量即可。

采集苔藓需佩戴手套。苔藓中可能隐藏着蜈蚣、蚂蚁、蜘蛛、虱子、蜜蜂等小动物，如果被叮咬了可不是小事。可以用小铲子从假根下方挖出苔藓。

采集到的苔藓，请将假根一侧相对折叠。如果直接放入塑料袋中，叶子会被摩擦，也容易闷热。可以先装入无纺布水槽垃圾过滤袋，再装入塑料袋中，然后装入发泡箱中，小心不要让温度升高，带回家中即可。

在网上购买的人工栽培的苔藓（右）和天然苔藓（左）。

苔藓的打理方法

▪ 天然苔藓在采集后应马上打理

在采集天然苔藓后，需要马上进行打理。天然苔藓上带着它所生长的土地上的土壤或垃圾，还可能有携带病害的部分。如果直接将苔藓制作成微景观，极有可能整个玻璃瓶中的植物都会马上发病死亡。

用花洒冲洗苔藓的两侧，洗掉垃圾和污垢。将苔藓的深处冲洗干净。

确认没有蚂蚁、蜱虫、蜈蚣、蜘蛛等虫子后，在容器里铺上厨房纸巾，然后将苔藓摊开放在里面。倒入大量的水，将苔藓全部浸湿后，倾斜容器倒出多余的水，放在阴凉处保存。放置1周进行观察，如果没有枯萎就可以用于制作苔藓瓶造景了。如果苔藓不适合当下的环境，则会变黄枯萎。

……苔藓的清洗方法……

1 将苔藓聚拢放在网上，用花洒（清水）冲洗。

2 然后翻至背面，用花洒冲洗干净。

3 特别是背面的深处，可能会带有垃圾或污垢，所以需要仔细检查冲洗。

4 冲洗背面后，再次翻至正面，冲掉残留在正面的污垢。

常见的苔藓种类

本书中，使用了容易打理的人工培育苔藓。将颜色、大小、形状不同的苔藓组合使用。

暖地大叶藓

蛇苔

大灰藓

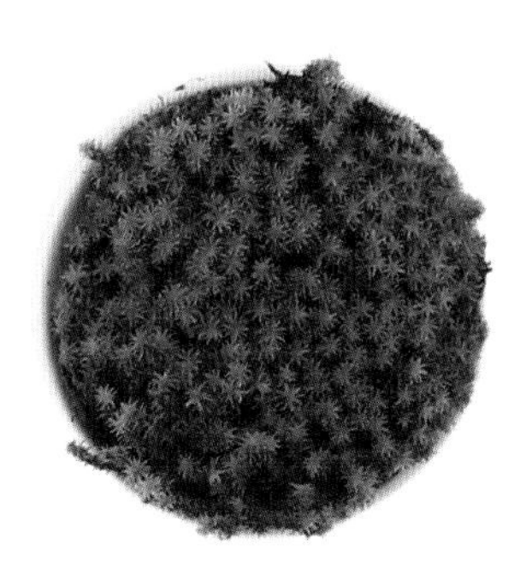

东亚砂藓

大叶凤尾藓

白氏藓

鼠尾藓

短肋羽藓

东亚万年藓

尖叶匍灯藓

梨蒴珠藓

日本曲尾藓

桧叶白发藓

大桧藓

翡翠莫丝

各类苔藓的适宜环境

■ 3个条件：干燥、潮湿、浸湿状态

苔藓种类不同，有的喜欢干燥，有的喜欢潮湿，有的喜欢浸湿。喜欢干燥的桧叶白发藓、白氏藓等，适合用于苔藓庭院和开放式苔藓瓶造景等。喜欢潮湿的梨蒴珠藓、东亚万年藓等，适合可开合型苔藓瓶造景。土壤通常没入水中、喜欢浸湿状态的蛇苔、尖叶匍灯藓等，适合密闭式苔藓瓶造景。水苔藓可以放入鱼缸，与鳉鱼一起欣赏。

弄清各种苔藓的适宜环境，便可以将能在相同环境中栽培的苔藓种类一起种植在容器或花盆中。

摆放容器时应尽量避免窗边等处的直射光，放在明亮的房间内即可。如果温度升高，容器内变热，苔藓就会因闷热而枯萎。

用花盆种植时，可摆放在有朝阳照射处或没有直射光的明亮场所。

……各类苔藓养护参照表……

名字	特点	喜欢干燥	喜欢潮湿	喜欢浸湿
桧叶白发藓	干燥就会发白，湿润就会变成明亮的绿色。像馒头一样的圆润块状群落非常可爱。	○	○	
梨蒴珠藓	早春会长出像青苹果一样圆的孢子囊。群落也圆润蓬松。	○	○	
白氏藓	叶短，深绿色，有天鹅绒般的光泽。即使干燥也不会有什么变化。	○		
大桧藓	叶尖微卷。有发红的叶子。干燥后会卷曲收缩。		○	
短肋羽藓	形状像蕨类植物。小叶子在不同环境中呈现出花绿色或鲜艳的绿色。		○	○

续表

名　字	特　点	喜欢干燥	喜欢潮湿	喜欢浸湿
东亚万年藓	造型像椰子树，有视觉冲击力。叶子为绿色，茎为红褐色，有光泽。		O	O
蛇苔	叶子表面的纹路像蛇皮。叶子的颜色为暗黄绿色，揉搓后有柑橘香味。			O
日本曲尾藓	一簇一簇像松鼠的尾巴。叶子呈明亮的绿色，有柔软的白色假根。		O	
尖叶匍灯藓	叶子呈清透绿色的卵形。雄株的雄花盘看起来就像开在苔藓上的花。			O
东亚砂藓	干燥状态下会变为收缩的扭扭棒状。浸湿的瞬间叶子便会展开，像黄绿色的星星一样。	O		
暖地大叶藓	姿态像打开的油纸伞，十分漂亮。单体非常大，像盛开的绿色玫瑰一样好看。		O	O
大灰藓	也会向阳生长，干燥就会变黄收缩。湿润后就会变成明亮的绿色，变色时是金黄色的。		O	
大叶凤尾藓	形状像凤凰的羽毛。叶子呈绿色，没有湿气的话会变为黑绿色，甚至干枯萎缩。			O
鼠尾藓	以叶子干硬为特点。形状像老鼠的尾巴。即使干燥也基本不会变形。		O	

基本的种植方法1　喜干型苔藓

喜干型苔藓包括东亚砂藓、白氏藓、桧叶白发藓等。喜干型苔藓即使外观不佳、卷曲收缩、发白干燥都没关系，只要浇水，就能恢复到漂亮的姿态。

玻璃瓶中的苔藓微景观喷雾浇水一次便可长时间欣赏。查看“各类苔藓养护参照表”（p.18），将喜欢干燥的种类一起种植，就是制作持久的苔藓瓶微景观的诀窍。将喜干型苔藓种植在玻璃瓶中时，尽量将假根四周用沙砾围住，让水不会蓄积。喜干型苔藓，如果使用密闭玻璃瓶的话，基本不管也没关系。如果是开放式的容器，则需要不时用喷壶浇水。摆放场所为室内明亮处，放在没有阳光直射的地方即可。

东亚砂藓造景

1

将硬质赤玉土（小粒）装入容器的1/3左右。

2

根据容器的大小，用剪刀修剪东亚砂藓。

3

用镊子将苔藓放在土上。用手指轻轻压住苔藓，取出镊子。

4

整理苔藓的外侧，用镊子放上沙砾，围住苔藓的四周。

5

充分喷雾浇水，使水分洒满土和苔藓。

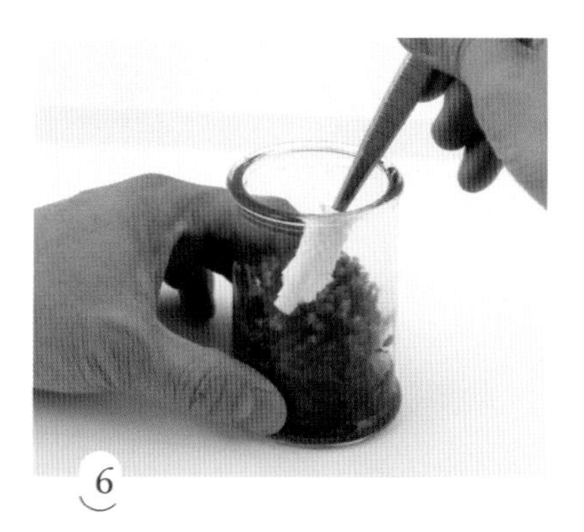

6

将纸卷在镊子上，将瓶壁内侧的水擦干。

基本的种植方法2　喜湿型苔藓

喜湿型苔藓包括梨蒴珠藓、大桧藓、日本曲尾藓、鼠尾藓等，生长于树林边缘或森林中的阴凉潮湿处。喜湿型苔藓在开放式的苔藓瓶造景中马上就会干燥，变得卷曲。可以经常浇水，但如果不方便常浇水的话，则应尽量选择有盖的容器。保持一定的湿度，就能持久保持良好的状态。

打理喜湿型苔藓时，如果是完全密闭式的容器，2~3个月用喷壶快速浇水1次即可。如果浇水过多，形成积水，苔藓反而会腐烂枯萎。特别是夏季，会因高温闷热受伤。

趁喷雾的时候，可以用剪刀修剪伸长的苔藓。

在养护中，为防止霉菌孢子进入，所有操作需在短时间内快速进行。

大桧藓、尖叶匍灯藓造景

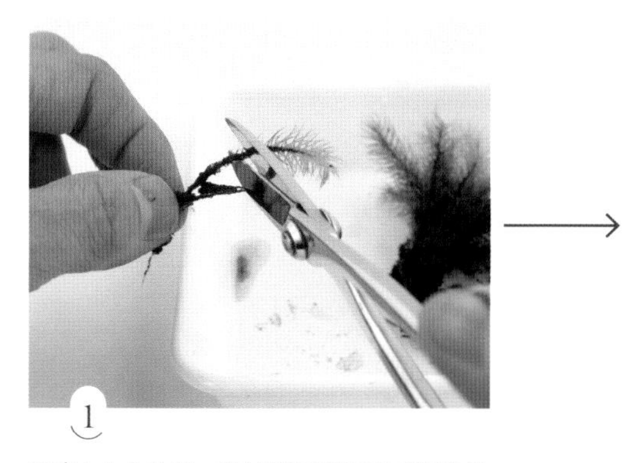

1

取出1支大桧藓。剪掉假根附近变成褐色的部分，修剪形状。

2

用镊子夹住苔藓，垂直插入硬质赤玉土（小粒）中。

3

用手指压住苔藓的顶端，拔出镊子。

重点

用镊子夹苔藓的方法

种植有一定高度的苔藓时，用镊子夹取时需要覆盖整个苔藓。如果只夹住假根，便不能很好地垂直插入土中。

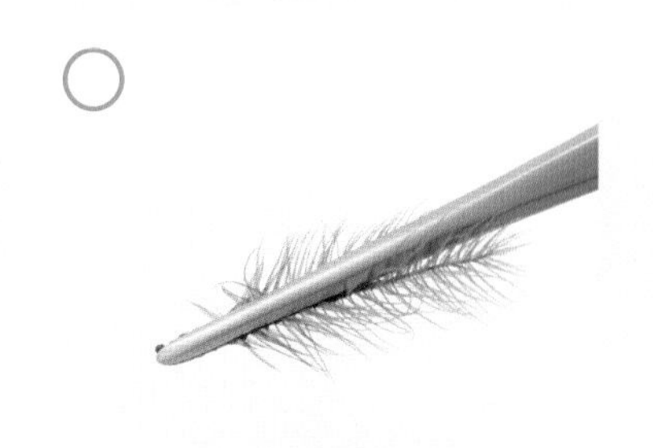

○

插入土壤时，镊子顶端夹住假根，要夹住整个苔藓。

×

用镊子夹住假根，无法垂直插入土中。

4

将3棵大桧藓种在一起。将苔藓整理成束，用镊子夹住，覆盖整个苔藓。拔出时，同样用手指压住苔藓的顶端。

→

5

用剪刀修剪尖叶匍灯藓。剪掉变色的假根，修剪形状。

6

将尖叶匍灯藓搭配在大桧藓的旁边，牢牢插入土中。

→

7

沿着玻璃瓶放入沙砾。

↙

8

在苔藓旁边放入沙砾，用镊子调整苔藓与沙砾的位置，填住缝隙。

→

9

充分喷雾浇水，浸润土和苔藓。

大苔藓的种植方法

苔藓单体多是像东亚砂藓、桧叶白发藓一样小小的。但是也有像东亚万年藓、暖地大叶藓这样，单体可观的苔藓。

这些大苔藓悄悄生长于深山阔叶木的落叶积水处。造景时，也需要打造出模拟原生地的环境。

因为大苔藓的形状有很强的视觉冲击力，所以在制作苔藓瓶微景观时，需要思考种植位置与搭配方法。另外，用多种苔藓一起造景时，从小的苔藓开始种植。

东亚万年藓被称为苔藓之王，暖地大叶藓被称为苔藓王后，都是极具人气的品种。暖地大叶藓中甚至有直径超过3cm的大型个体，如撑开的油纸伞般的姿态美丽动人。让我们将苔藓之王与王后，放入苔藓瓶中栽培试试看吧。

东亚万年藓造景

1

放入与假根等高的硬质赤玉土（小粒）。

→

2

放入沙砾，覆盖硬质赤玉土（小粒）的表面。

3

用镊子覆盖假根夹起苔藓。

→

4

将镊子垂直插入中间的沙砾中。

5

用手指压住苔藓，拔出镊子。用相同的方法在周围插入几棵苔藓。

→

6

用喷壶喷水，直至水充分浸透土和苔藓。

如何选择苔藓和种植土

▪ 要选择状态好的苔藓

制作苔藓瓶微景观时，应尽量选择状态好的苔藓，这点很重要。苔藓有栽培增殖的，有天然采集的。如果可以的话，最好使用状态稳定的栽培增殖的苔藓。另外，在种植时，需要将枯萎的部分或受伤的部分用剪刀剪掉，进行修整后再使用。苔藓的表面如果发霉了是不能使用的。还有，如果苔藓的包裹散发异味，可能是在运输途中闷坏了。闷坏的苔藓会在3天左右极速变黄枯萎。尽量选用呈鲜艳的绿色、有光泽的苔藓。

▪ 选择合适的种植土

为了让苔藓持久耐养，也许有的人会执着于研究种植土。

栽培山野草等植物，为了制作出接近原生地环境的种植土，可能需要将各种各样的土混合在一起。虽然这样做可能长势更好，但我还是推荐简单的用土方法。种植土基本上只用小粒的硬质赤玉土就足够了。单单如此，就能做出持久耐养的苔藓瓶微景观。

苔藓球等造景，为了粘贴苔藓或调整形状，需要使用沼泽黏土，同样无须复杂的混合，便能持久耐养。

为什么简单的搭配反而更好呢？因为不同种类的种植土会散碎，炭和稻壳炭等会排放出吸收到的氨和硝酸盐等。因此，种植土的性质便会发生改变。想要制作持久的苔藓瓶微景观，应尽量保持种植土的性质不变，这样的种植土是最好的。

野外的土中可能有植物的种子、微生物、小生物，所以种植土应从园艺店等处购买。购买的硬质赤玉土颗粒不均匀，可能会有微尘，可用筛子筛出均匀的颗粒。使用颗粒坚硬、完整的种植土。

相同体积的赤玉土，右侧的颗粒更均匀。
左侧的较碎，颗粒不均匀。

修剪长得过长的苔藓

一个持久耐养的苔藓瓶造景中，种下的苔藓有时会长得过长。用剪刀剪掉苔藓伸长的部分，调整造景形状即可。

剪下的苔藓可以另选瓶子放土后栽入其中，继续培育。剪苔藓时，如果拉得太用力苔藓就会被拔出来，所以要小心操作。另外，多剪掉一些，到下次再剪的时间就会长一些。

1

这是一个亚克力盒子的苔藓瓶造景。日本曲尾藓不断成长，伸到了容器的上部。

→

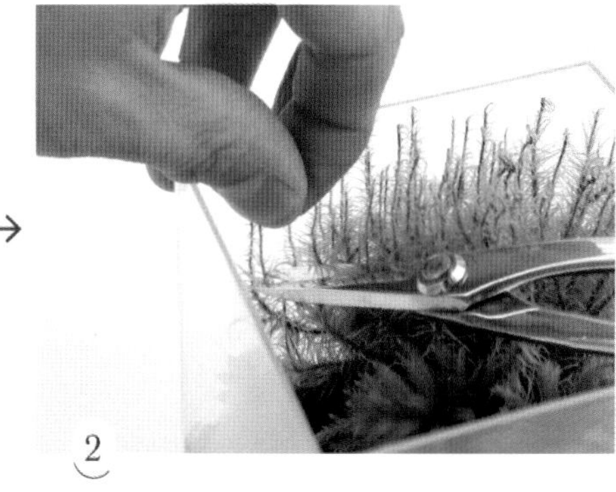

2

用手指捏住苔藓的顶端。这时，注意不要将苔藓从土里拔出来。用剪刀的顶端，剪掉长长的部分。

3

观察着比例，剪掉长得过长的部分。

→

4

整体修剪后，用喷壶浇水。

处理瓶壁上的水滴

苔藓容器内外温差较大时，容器内侧会凝结出水滴。待容器内外的温度相同后，水滴就会消失。所以可将苔藓瓶尽量放在没有温差或温差小的场所，就不会出现水滴了。

就算瓶壁上凝结了水滴，也不会影响苔藓的生长。如果想要去掉水滴的话，可以在镊子上卷上事先剪成小块的厨房纸巾，将水滴擦掉。在水滴不易擦掉的容器口部，可以在手指上卷上事先剪好的厨房纸巾擦掉水滴。

这是一个培育了1年以上的苔藓瓶微景观。容器内的湿度等环境没有问题，苔藓也在健康生长，但因为放在了有温差的地方，所以瓶子内侧凝结出了水滴。

在镊子上卷上厨房纸巾，擦掉内侧的水滴。方形瓶子的棱角位置，可以在手指上卷上纸巾擦拭。

处理干枯的苔藓

如果苔藓瓶微景观的位置能照到强烈的阳光，或者放在了夏季夜间关闭空调的店铺等处，容器内温度升高，苔藓就会因闷热而受伤。

如果苔藓有部分干枯，最好剪掉干枯的部分，或是将严重枯萎的部分取出，种入新的苔藓。修剪时，从受伤部分下面一点剪断。掉落在容器内的受伤的叶子等容易发霉，需要用镊子取出。

1

植株高的东亚万年藓呈现干枯状态，是高温所致。

2

用镊子取出干枯的东亚万年藓。

3

取出干枯苔藓后的状态。

4

种入新的苔藓，充分喷雾浇水。擦掉容器内侧的水滴。

苔藓瓶微景观如果放在了日晒处，或放置很久没有打理，便会徒长、干枯或受伤。

全部受伤干枯时，需要将苔藓全部取出，重新更换。如果没有发霉，石头和土可以直接使用。如果苔藓不易种入，可以用勺子舀出沙砾，种植苔藓后再次放入。如果要放入东亚万年藓或暖地大叶藓等大的苔藓，就在最后放入。

1

这个苔藓瓶微景观因为放在了日照好的窗边，所以全部变成了褐色，都干枯了。

↓

2

将受伤的苔藓全部取出。保留土和石头。

↓

3

为了再现原来的景观，再次种入苔藓。

←

4

种植苔藓后，在瓶内充分喷雾浇水就完成了。

苔藓的繁殖方法

苔藓用撒播法便可繁殖。准备硬质赤玉土和作为“种子”的苔藓。如果没有硬质赤玉土，可以用打湿的厨房纸巾和带盖的培育盒代替。

日常保持湿润的状态，即使在寒冬时节，2~3周也能发芽。大灰藓、短肋羽藓相对成长得较快，桧叶白发藓、日本曲尾藓成长得较慢，白氏藓、东亚万年藓的成长非常缓慢。

成长中的苔藓应放在没有阳光直射的明亮处。如果放在没有散射光的阴暗处便会徒长。成长快的品种，半年左右就能在培育盒中长满一层。

桧叶白发藓、白氏藓、梨蒴珠藓等会长成圆形的群落，需要在中途分成小块再继续生长。

单体的暖地大叶藓、东亚万年藓等，需要将叶下的茎切分后摆在赤玉土上，放在阴暗处打理2个月左右便会出芽。

1 将苔藓剪成细小的块。

2 将剪好的苔藓分散撒在硬质赤玉土上。

3 将土壤充分喷雾打湿。

4 1个月后，长出新芽。

苔藓瓶微景观
制作方法

本章中将使用各种苔藓制作苔藓瓶微景观。为了打造一个持久的苔藓瓶微景观，首先需要从选择容器开始。是没有盖子敞着口的开放式容器？还是盖盖子的密闭式容器？容器不同，配置的苔藓种类也不同。

开放式容器适合抗干燥能力较强的东亚砂藓、白氏藓等。相反，密闭式容器适合暖地大叶藓、东亚万年藓等。既抗干燥又抗潮湿的短肋羽藓等，放入哪种苔藓瓶中都可以。p.53介绍了鱼缸中的苔藓微景观，使用了可以在水中生长的苔藓。只要记住苔藓的种类和配置的方法便可以制作。请尝试着做一做吧。

SCHAAP

开放式  密闭式

将喜欢的苔藓种入棉球罐

开放、密闭皆可的苔藓瓶微景观

用玻璃的棉球罐制作苔藓瓶造景。带盖的棉球罐，盖上盖子就是密闭式容器，不盖盖子就是开放式容器。无须担心苔藓是喜干还是喜湿，选择自己最喜欢的就可以。

所需物品：梨蒴珠藓、硬质赤玉土（小粒）、寒水石、棉球罐、剪刀、镊子、勺子、喷壶

制作方法

1

在容器中放入硬质赤玉土（小粒）。中间多放一些，形成山形。

2

根据容器的大小，修剪梨蒴珠藓。

3

用镊子夹住苔藓，种入土中。

4

用勺子一边按压苔藓，一边调整整体形状。

5

沿着容器的边缘，放入装饰用的寒水石。

＊制作方法介绍的是p.36~37跨页图左侧的作品。图片中间是鼠尾藓，图片右侧是暖地大叶藓。

6

充分喷雾浇水，浸润土和苔藓。

可通过制造高低差调节湿度

竖放玻璃瓶的苔藓瓶微景观

这个密闭式苔藓瓶微景观使用了竖放带盖的玻璃瓶。利用纵向长度，制造高低差，便可以调节湿度，喜干的苔藓和喜湿的苔藓就可以一起种植了。还能学到用石头固定种植土的技巧。

所需物品：短肋羽藓、桧叶白发藓、东亚万年藓、硬质赤玉土（小粒）、沙砾、长3~5cm的石头2个、带盖竖放玻璃瓶、剪刀、镊子、勺子、喷壶

……制作方法……

1

斜着拿住玻璃瓶，放入硬质赤玉土（小粒）。

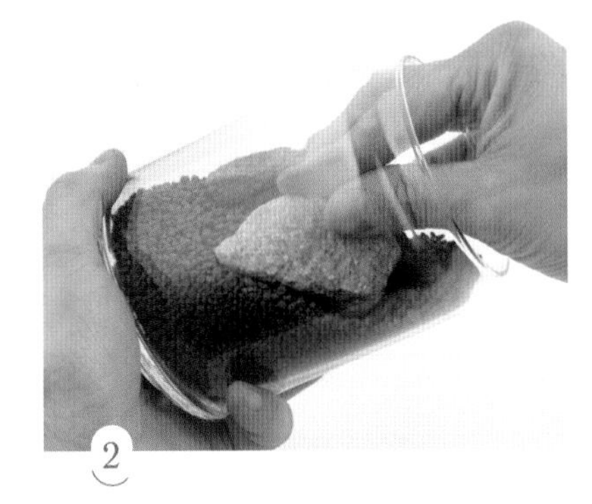

2

将石头的尖角埋入土中。轻轻摇动玻璃瓶，固定住石头。

3

在步骤2放入的石头旁边，再用相同方法放入1块石头。

4

在2块石头之间，放入剪成棒状的短肋羽藓。

5

整理短肋羽藓，压入石头的缝隙间。

6

用镊子将同样修剪成棒状的短肋羽藓放置在2块石头的两侧。

7

在玻璃瓶的上部，放入剪成适当大小的桧叶白发藓。因为桧叶白发藓喜欢干燥，所以放置在上方更耐养。

8

用勺子和镊子等在玻璃瓶的底部放入沙砾。

9

从侧面看，在抢眼的位置插入东亚万年藓。

10

充分喷雾浇水。

持久耐养的要点

苔藓瓶微景观中可以制造高低差，调节上下各部分的湿度。上面放置较为喜干的苔藓，下面放置较为喜湿的苔藓，既富于变化，又更加耐养。

开放式

用石块或贝壳打造亮点

高脚杯开放式苔藓瓶微景观

用高脚杯制作的开放式微景观最好选择喜干的苔藓，用石块和贝壳打造亮点，造型千姿百态。多做几个放在一起装点房间吧。

所需物品：日本曲尾藓、硬质赤玉土（小粒）、寒水石、长2~3cm的石头1个、高脚杯、剪刀、镊子、勺子、喷壶

……… 制作方法 * ………

1

将硬质赤玉土放入高脚杯至1/3处。

2

倾斜拿着高脚杯，将石块埋入土中，然后轻轻摇晃。

3

放好石块的状态。

4

将几棵日本曲尾藓聚拢成一束，用镊子夹住插入土中，逐渐围住石块。

5

将装饰用的寒水石（白色）用勺子放至外侧。充分喷雾浇水，浸润土和苔藓。

持久耐养的要点

开放式的苔藓瓶微景观，土和苔藓干了就要充分浇水。摆放时应避开阳光直射的窗边。

* 制作方法介绍的是p.40图片下方的作品。图片最上方是桧叶白发藓和葡萄风信子球根的混栽。第二行左侧是桧叶白发藓和海胆贝壳。第三行使用的是东亚砂藓和石块。

专栏 | 装饰苔藓瓶微景观的材料

制作苔藓瓶微景观时，沙砾是必备品，它既可以固定苔藓，还能防止苔藓吸收多余的水分。沙砾的原料就是石头。应尽量选择不会轻易在水中溶解的石头。石灰岩、泥岩、砂岩等，在水中放置一段时间后，吸收的水分就会使其溶解碎裂，改变水的pH值。制作苔藓瓶微景观适合使用不易溶解的橄榄岩等。

火山岩、轻石等表面有细孔的石头，细菌容易繁殖，所以不适合用于玻璃瓶微景观。

装饰用的色彩缤纷的装饰砂，有些种类在浸湿后会有染料溶出。请在使用前，取少量浸湿，确认不掉色再使用。

透明的玻璃砂容易割伤手指，不能直接接触，用勺子轻轻舀起，一点一点进行装饰即可。

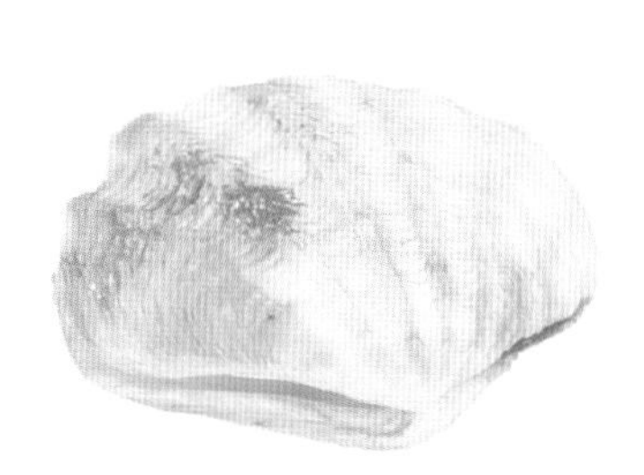

贝壳

樱花贝等可以搭配在苔藓旁边。使用砗磲或蝾螺等有孔的贝壳，还可以将苔藓种在里面。海胆的贝壳容易坏，所以与苔藓一起摆放时要小心。

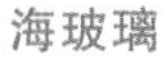

海玻璃

落在沙滩或海滨上的海玻璃，需用水冲洗掉盐分后使用。

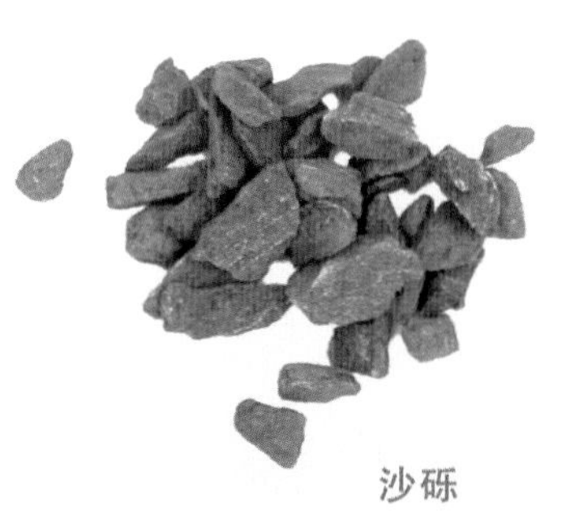

沙砾

需要选择坚固不易碎的种类和不会在水中溶解的沙砾铺在苔藓周围，这样苔藓就不易变脏。铺上颜色漂亮的沙砾或水晶等矿石的细颗粒，还可以为造景增添色彩。

岩石

尽量选择非多孔质，表面没有孔洞的光滑石块。使用火山岩等岩石时需要煮沸处理，杀死内部的细菌后再使用。在海中捡来的石头，应在水中浸泡去除盐分后使用。

密闭式

用胶水将苔藓粘在岩石上

圆拱形苔藓瓶微景观

用胶水将苔藓粘在岩石上，创造一个立体的世界。岩石不能靠在容易碎的玻璃罩上，而是需要稳固地立住，这非常重要。胶水需选择遇水硬化的产品。

所需物品：白氏藓、东亚砂藓、硬质赤玉土（小粒）、岩石、浅盘、玻璃罩、剪刀、镊子、勺子、喷壶、胶水

制作方法

1

在浅盘中放入硬质赤玉土（小粒），在中间放置岩石。将岩石牢固地埋入土中，使其自立不倒。

→

2

让白氏藓充分吸水后，将胶水涂抹在苔藓的假根部分。选择遇水硬化的胶水。

↙

3

将涂抹了胶水的苔藓粘贴在岩石上。

→

4

考虑苔藓瓶造景的整体平衡，粘贴白氏藓。

↙

5

在岩石的底部种植东亚砂藓。图片中苔藓的量看起来很多，但实际上种入稍多一点点的苔藓即可。

→

6

在浅盘中种入东亚砂藓，调整均匀。充分喷雾浇水，盖上玻璃罩。

密闭式

从上方和侧面均可欣赏

横放玻璃瓶的苔藓瓶微景观

使用密闭式的横放玻璃瓶，从上方和侧面都能欣赏到苔藓瓶造景。因为玻璃瓶有一定长度，所以分成3段，由内向外逐步打造。

所需物品：东亚万年藓、桧叶白发藓、暖地大叶藓、硬质赤玉土（小粒）、岩石、沙砾、可横放的玻璃瓶、剪刀、镊子、勺子、喷壶

制作方法

1

将玻璃瓶最稳定的一面向下放置。放入硬质赤玉土（小粒），并且由内向外制作出缓和的坡度。

2

在玻璃瓶的正中略靠内侧放入岩石。轻轻摇动玻璃瓶，使埋入的岩石更加稳固。

3

在最内侧放入沙砾。

4

用镊子种植东亚万年藓。从侧面插入的话会倾斜，所以插入后需要让苔藓直立起来。最后放置沙砾。

5

在中间种植桧叶白发藓。

制作方法的要点

横放玻璃瓶，由内向外分成3段，按照图中①→②→③的顺序，从内侧开始造景。

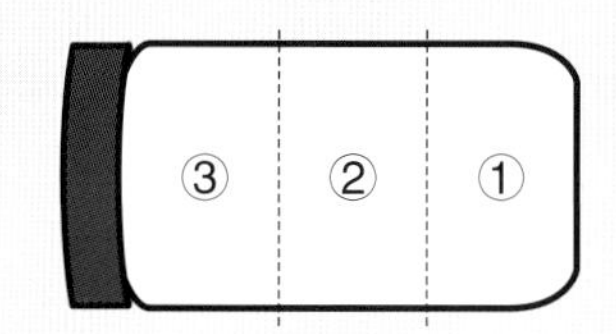

6

在桧叶白发藓的四周放入沙砾，从侧面和上方两个方向确认配置的均衡感。

7

在玻璃瓶最外侧的区域种植暖地大叶藓。

8

再次放置沙砾，种入东亚万年藓和暖地大叶藓。

9

倾斜玻璃瓶，给所有苔藓充分喷雾浇水。

使用水生苔藓型

在鱼缸中用水草和苔藓打造 苔藓水草生态微景观

使用在水中生长的苔藓制作苔藓水草生态微景观。只需要将苔藓裹在石头上就能简单地完成。了解水生苔藓品种，大胆尝试吧。

所需物品：翡翠莫丝、水草（金鱼藻）、硬质赤玉土（小粒）、岩石、麦饭石、棉线、水缸、小杯子、塑料瓶、剪刀、镊子、鳉鱼

……制作方法……

1

清洗硬质赤玉土（小粒），去除污垢。

2

将洗净的硬质赤玉土（小粒）放入水缸至1/6高度。

3

放入麦饭石，覆盖硬质赤玉土（小粒）的表面。

4

为了防止土飞溅起来，在水缸中放入小杯子，将塑料瓶中的水倒入小杯子中。

5

用手指压住塑料瓶的口，一点一点倒水。

6

水位升至水缸的1/4高度后，就可以从上方倒水了。

7

用镊子将金鱼藻插入麦饭石中。

8

将翡翠莫丝放在石块上，用棉线缠绕固定。

9

放入带有翡翠莫丝的石块，再放入鲣鱼。

密闭式

苔藓球也一起来!

苔藓和苔藓球组合微景观

苔藓和苔藓球组合在一起的微景观，苔藓球里面是岩石，而不是土。使用苔藓球和各种各样的苔藓，做一个欢乐派对瓶吧。

所需物品：短肋羽藓、大叶凤尾藓、大桧藓、东亚万年藓、暖地大叶藓、硬质赤玉土（小粒）、岩石、沙砾、棉线、宽口径玻璃瓶（3L容量）、剪刀、镊子、勺子、喷壶

……制作方法……

1

在玻璃瓶中放入硬质赤玉土（小粒）。因为苔藓球有高度，所以土要少放一些。

2

放置用岩石做芯的苔藓球。苔藓球的制作方法在p.57。

3

在苔藓球的旁边放入大叶凤尾藓，让苔藓贴紧土壤。

4

用镊子夹住大桧藓，插在大叶凤尾藓的旁边。

5

沿着玻璃瓶的侧面放入沙砾。

6

一边观察整体的配置比例，一边种入东亚万年藓、暖地大叶藓。

7

给所有苔藓充分喷雾浇水，擦掉瓶壁上的水滴。

用岩石做芯的苔藓球的制作方法

1

将短肋羽藓裹在大小适当、接近球形的岩石上，覆盖岩石表面。

2

从苔藓上方开始，用棉线缠绕1圈，打结固定。

3

剪掉多余的苔藓，修剪得圆一些。

4

按十字形牢固地缠绕棉线，横竖各5圈。将苔藓调整得更加圆润。整理好后，打结固定。

5

剪掉伸出的苔藓，调整形状。

专栏 | 打造苔藓庭院

苔藓瓶造景可以说是微型的苔藓庭院，通过容器和摆放位置的选择，可以简单地管理湿度和光照等。但苔藓庭院却不能如此简单地调节湿度和光照。笔者在接到打造苔藓庭院的委托时，便会选出耐日照的品种，以及在干燥环境下外观也不会有太大改变的品种。

然后，需要进行种植场所的环境调查。是全天光照还是会逐渐背阴，是不是雨天容易积水的位置等，全部掌握后绘制出环境图。掌握环境信息后，才能选择苔藓。光照强、易干燥的位置种东亚砂藓，光照充足的位置种大灰藓，树影斑驳、易干燥的位置种节茎曲柄藓，阴凉通风的位置适合日本曲尾藓或曲尾藓，池边或湿度高的背阴处种尖叶匍灯藓或短肋羽藓。夏季易升至高温的背阴处，最好种桧叶白发藓或狭叶白发藓等。湿度高的清凉明亮处推荐种金发藓。

苔藓的种植方法方面，为了防止生出杂草，需要事先铺上防草布，然后厚厚地铺上黑土和小粒赤玉土。如果要和山野草一起栽种的话，这时便可以种植了。种植百合或升麻等冬季落叶植物时，种植后的位置不应铺苔藓，而应该铺上沙砾。

将准备好的苔藓打湿。我们入手的苔藓大多是种在育苗盒里的。将假根一侧朝上翻过来，用铲子铲起来。

种好后便可充分浇水。浇水2~3次，需将苔藓下方的赤玉土也完全打湿。想要打造出漂亮的苔藓庭院，技巧之一便是种植时每种苔藓间不留空隙。如果有空隙，苔藓可能会被风吹飞，还会生出杂草。

苔藓庭院的打理方面，发现了杂草，就要趁杂草较小时用镊子从根部拔掉。如果苔藓受伤了，要多取下一些，再种入新的苔藓。苔藓完全融入环境，需要半年到2年的时间。其间苔藓可能被灼伤或枯萎，这时坚持找到适合那个位置的苔藓，就是完成苔藓庭院的捷径。

日本神奈川县个人住宅中的苔藓庭院。因为位置靠近城市中心，所以选择耐热的苔藓和山野草进行栽种，呈现出一片治愈人心的城市绿洲景象。庭院设计师是金井良一氏。

这是栽种苔藓和山野草前的状态。庭院中配置了岩石、花木、浮木等。为了栽种苔藓和山野草，表层铺了黑土和硬质赤玉土。

首先，重叠一个空的育苗盘，将苔藓上下翻转过来。用铲子从育苗盘中铲出苔藓，将苔藓翻正，排列摆放。轻轻摇动苔藓，使苔藓紧密贴合赤玉土。种植一定面积后充分浇水。

准备人工栽培的苔藓。在用遮阳网等调节过日照的环境中栽培的苔藓不能选，尽可能选择在直接接受日照的环境中栽培的苔藓。

河中小岛上种植了短肋羽藓。

种植苔藓前的河中小岛。

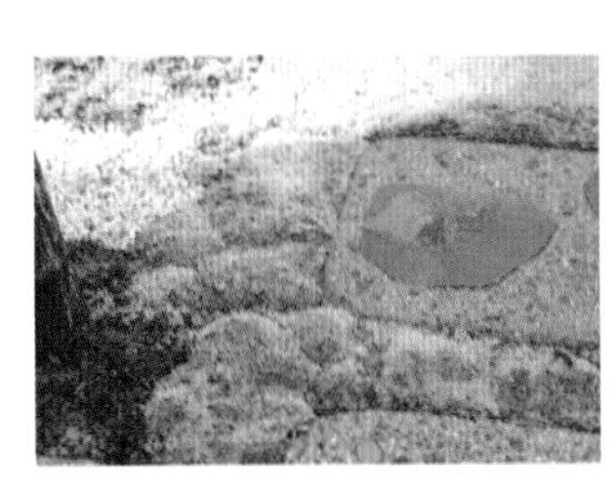

背阴的步石周围种植了桧叶白发藓。

水边有日晒的位置种植了大灰藓。

小河周围潮湿的位置种植了短肋羽藓和日本曲尾藓。

第3章

苔藓与其他植物的混栽

在本章中，将苔藓和山野草等植物组合在一起，制作混栽作品。了解苔藓和各种植物的特性后，将特性相近的混栽在一起，即使不做成瓶造景，也能长期欣赏。在苔藓的小森林中，种上可爱的山野草等植物，便可在一个小花盆中感受四季的魅力。

除山野草外，还可以挑战将苔藓与人气颇高的球根植物混栽，或是与原本就和苔藓特性相近的兰花品类混栽，便可同时欣赏花与苔藓。

另外，制作苔藓球也是苔藓与其他植物共同欣赏的方法之一，特别是夏季暑热时搭配高山植物和喜水植物，更加持久耐养。

如果使用秋季结果的浆果类植物，浆果的颜色与苔藓的鲜嫩绿色相得益彰，非常靓丽。

THE NATURE NOTES OF
AN EDWARDIAN LADY
Edith Holden
Nature Diary

Janet Marsh's
Nature
Diary

首饰盒混栽苔藓微景观

使用从杂货店中购入的自由开合的首饰盒，混栽屋久岛虎耳草与苔藓。需要时常喷雾浇水，最好放在没有直射阳光的地方。

所需物品：梨蒴珠藓、暖地大叶藓、屋久岛虎耳草、硬质赤玉土（小粒）、岩石、沙砾、首饰盒、剪刀、镊子、勺子、喷壶

……制作方法……

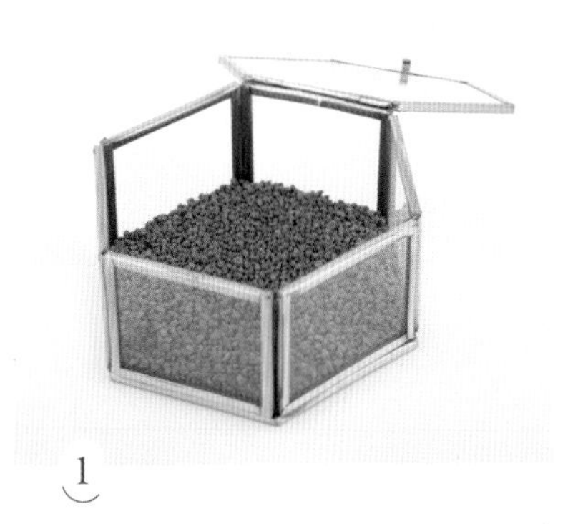

1

放入硬质赤玉土（小粒）至容器高度的1/3处。

2

将整理过形状的梨蒴珠藓种入容器的后侧。

3

去掉屋久岛虎耳草上多余的土，用镊子种植。

4

轻轻摇动屋久岛虎耳草，使其入土更深。用勺子添土。在屋久岛虎耳草的旁边放入岩石。

5

用勺子放入沙砾。

梨蒴珠藓的圆形孢子十分可爱。早春便会长出圆圆的孢子。打理简单，是一种很有人气的苔藓。

虎尾草的同类“屋久岛虎耳草”是一种非常小的品种。喜欢潮湿，与苔藓的特性十分相近。

6

用镊子夹住暖地大叶藓，插入沙砾中。

＊类似容器也有会漏水的。在种植前，请先确认容器是否会漏水。如果会漏水，需要将缝隙焊接，或粘贴防漏水的胶带进行处理。

7

用喷壶全部充分喷雾浇水。

雪割草和苔藓混栽微景观

开出美丽小花的雪割草与苔藓简单混栽。雪割草与苔藓的特性相近，养在背阴处即可。干了就充分浇水吧。

所需物品：雪割草、大灰藓、硬质赤玉土（中粒、小粒）、沙砾、花盆、剪刀、镊子、勺子、喷壶

……… 制作方法 ………

1

将硬质赤玉土（中粒）加入花盆至一半左右的位置，种入雪割草。雪割草在花期时，需要保留原来的盆土。

2

放入硬质赤玉土（小粒），打造1cm见方的蓄水空间。

3

将大灰藓种在土的表面。为了让水渗透，雪割草的根部位置不铺苔藓。

4

在雪割草的下方放入沙砾。

5

用勺子整理溢出的苔藓。

6

追加沙砾，使沙砾与苔藓等高。充分浇水。

专栏　雪割草的同类

雪割草是毛茛科獐耳细辛属植物的总称。天然生长于北半球的欧洲、中亚、东亚、美洲大陆。这里介绍了生长于日本的几种雪割草。

足柄洲滨草

Hepatica nobilis Schreb. var. *japonica* Nakai f. *candida* Ohno.

花瓣数为6片，白色。雄蕊为红色、粉色、白色。香味强烈。叶子有镜面光泽，叶子背面有红色斑纹。是笔者于2012年在神奈川县的箱根外轮山发现并命名的新种。

洲滨草

Hepatica nobilis Schreb. var. *japonica* Nakai f. *variegata* (Makino) Nakai.

花瓣数为6片，白色或淡粉色。雄蕊为白色。有时有香味。叶子为半光泽，叶尖呈圆形。多见于平原或低矮丘陵地带的杂木林边缘。天然生长于太平洋一侧的房总半岛和三浦半岛之间。

三角草

Hepatica nobilis Schreb. var. *japonica* Nakai f. *japonica* (Nakai) Yonek.

花瓣数多为9~18片。花瓣有白色、粉色、奶油色，另外还有黄色，非常珍贵。叶尖呈三角形。自然生长于九州至关东地区、东北信越地区。

藏王洲滨草

Hepatica nobilis Schreb. var. *japonica* Nakai f. *zaoensis* Ohno&S.Tsuru.

花瓣数为6片，白色。雄蕊为红色、粉色、白色。叶子较大，叶子表面有大理石花纹。叶子的正面和背面、叶柄、花茎上有很多茸毛。是笔者与友人于2016年在宫城县藏王山系发现并命名的新种。

毛洲滨草

Hepatica nobilis Schreb. var. *pubescens* (M.Hiroe) Kitam.

花瓣数为6~9片。花瓣有白色、粉色、红色。花朵上有漂亮的镶边花纹。叶子大，叶尖呈钝角。在日本的獐耳细辛属植物中，是唯一的四倍体。天然生长于日本中部以南。

大三角草

Hepatica nobilis Schreb. var. *japonica* Nakai f. *magna* (M.Hiroe) Kitam.

花瓣数为6~9片。花瓣有红色、紫色、白色、绿色等各种颜色，花型也有重瓣等各种造型。叶子也不尽相同，有尖的，有圆的。天然生长于日本海一侧通风好的森林中。

平铺白珠树与苔藓球

平铺白珠树与苔藓球组合。使用保存袋，就能不脏手制作苔藓球。平铺白珠树的果实鲜红可爱。

所需物品：平铺白珠树、短肋羽藓、硬质赤玉土（小粒）、沼泽黏土、保存袋、棉线、剪刀、喷壶

制作方法

1 将一把沼泽黏土和一把硬质赤玉土（小粒）放入保存袋中，充分混合。

2 将平铺白珠树放入保存袋中，注意不要把根弄散。像捏饭团一样，把土贴在表面。

3 在展开的短肋羽藓的假根一侧，放上平铺白珠树。

4 用苔藓包裹起来。

5 用棉线固定球体的四周，线呈纵横十字状牢牢地缠住。

6 用手整理形状后，将伸出的苔藓剪掉。充分浇水。

球根植物和苔藓的混栽微景观

球根植物和苔藓的混栽作品。分别介绍球根植物的2个造景——球根状态和出芽状态的造景。球根植物栽种后，第二年还能赏花。

出芽球根的种植

所需物品：球根（葡萄风信子）、短肋羽藓、硬质赤玉土（小粒）、花盆、底孔垫网、剪刀、勺子、铲子、喷壶

……制作方法……

1

在花盆中放入底孔垫网，再放入半盆左右的硬质赤玉土（小粒）。

→

2

从盆中取出已出芽的葡萄风信子球根。稍微去土后种植，注意不要伤根。

↙

3

继续加土，盖住球根部分即可。

→

4

在土的表面种满短肋羽藓。

↙

5

用铲子将伸出的苔藓压入花盆中。充分浇水。

球根的种植

所需物品：球根（番红花）、桧叶白发藓、花盆、硬质赤玉土（小粒）、沙砾、底孔垫网、剪刀、镊子、勺子、喷壶

制作方法

1

在花盆中放入底孔垫网，放入半盆左右的硬质赤玉土（小粒）。

2

放入番红花球根。需要注意球根的方向。

3

球根不能顶开苔藓，所以苔藓需要种在球根的出芽位置以外。

4

在球根出芽的位置铺上沙砾，最后充分浇水。

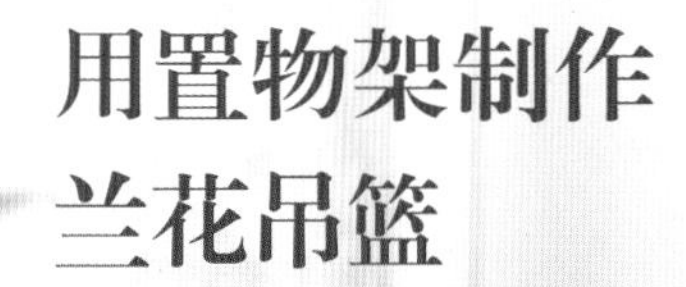

用置物架制作兰花吊篮

用铁艺置物架制作兰花吊篮。用苔藓包裹住兰花的根，就可以制作成吊篮或壁挂的造景。

兰花选择石斛兰或迷你卡特兰等附生兰花品种即可。

所需物品：短肋羽藓、迷你卡特兰、铁艺置物架、镊子、剪刀、喷壶

……制作方法……

1

将短肋羽藓的假根一侧翻上来后展开。

→

2

从花盆中拔出的迷你卡特兰，直接放在苔藓的中间。

↙

3

慢慢放入铁艺置物架中，注意不要把原土弄碎。

→

4

用镊子在缝隙中追加苔藓。

↙

5

用喷壶充分喷雾浇水。

苔藓和山野草、球根植物的微景观盘

给阳台上的植物们搭配一座苔藓山丘吧。将苔藓与北美耳草、球根植物等喜欢的花草一起混栽即可。我在旅行时，见过欧洲的园艺家们打造这样的苔藓微景观。

所需物品：桧叶白发藓、梨蒴珠藓、北美耳草、葡萄风信子、硬质赤玉土（小粒）、盘子、剪刀、镊子、喷壶

·········制作方法·········

1

在盘子中放入硬质赤玉土（小粒）。放植物的位置赤玉土铺薄一些。

→

2

种植盛花期的北美耳草需保留原土，不能将根弄散。葡萄风信子不保留原土也没关系。

↙

3

在葡萄风信子周围加土。

→

4

用桧叶白发藓覆盖北美耳草的根部。

↙

5

种好梨蒴珠藓后充分浇水。

用储物罐打造的苔藓森林

制作多种苔藓的混栽。使用可重叠3层的储物罐，玩转混搭。

尖叶匍灯藓、大叶凤尾藓和珊瑚砂

所需物品：尖叶匍灯藓、大叶凤尾藓、珊瑚砂、硬质赤玉土（小粒）、储物罐、剪刀、镊子、勺子、喷壶

·········制作方法·········

1

在容器中放入硬质赤玉土（小粒）。需要放入珊瑚砂的位置应留出坡度。

2

根据容器的尺寸剪下尖叶匍灯藓后放入容器中。

3

在边缘放入大叶凤尾藓。

4

在另一边放入大叶凤尾藓，将尖叶匍灯藓夹在中间。

5

沿着容器的侧面倒入珊瑚砂，覆盖剩余的部分。注意珊瑚砂不要落在苔藓上。

6

充分喷雾浇水。

石子路和苔藓的造景

所需物品：鼠尾藓、东亚万年藓、硬质赤玉土（小粒）、麦饭石、储物罐、剪刀、镊子、勺子、喷壶

……制作方法……

1

整理鼠尾藓。剪掉较长的假根（褐色部分）。

2

在容器中放入硬质赤玉土（小粒），将修剪好的鼠尾藓配置在2个位置上。

3

在中间放入麦饭石。近处放入小粒的麦饭石，远处放入稍大的麦饭石，这就是打造远近感的小技巧。

4

比例均衡地插入东亚万年藓。

5

最后充分浇水。

5种苔藓的森林

所需物品：日本曲尾藓、暖地大叶藓、大灰藓、东亚万年藓、大桧藓、硬质赤玉土（小粒）、沙砾、岩石、储物罐、剪刀、镊子、勺子、喷壶

……制作方法①……

1

在容器中放入硬质赤玉土（小粒），留出坡度。

2

从斜坡的下方开始配置，首先种入日本曲尾藓。用镊子夹住，一根一根地种入土中。

3

在日本曲尾藓旁边的位置铺上沙砾。

4

将暖地大叶藓插入沙砾中。

5

再在日本曲尾藓后侧放上岩石。

……… 制作方法② ………

6

在日本曲尾藓的前侧，沿着容器内壁放入沙砾，起固定作用。

7

在暖地大叶藓的后侧、日本曲尾藓后侧石块的上方放入石块，打造出阶梯效果。

8

在日本曲尾藓后面放入大灰藓。

9

在大灰藓的后侧放入东亚万年藓。

10

再在东亚万年藓旁边、暖地大叶藓的后面放入大桧藓。

11

调整整体比例，充分浇水。

用苔藓和石头轻松打造“治愈球”

将苔藓粘在石块上，只需10秒就能完成一个苔藓造景。这个作品就是将p.40的苔藓与球根植物在高脚杯中混栽，再在周围码上粘好苔藓的石块。虽然只是在石块上粘上了苔藓，但它们形态各异，独一无二，我叫它们“治愈球”。

所需物品：白氏藓、石块、胶水、剪刀、喷壶

……制作方法……

1

将白氏藓打湿。在假根一侧涂抹胶水。

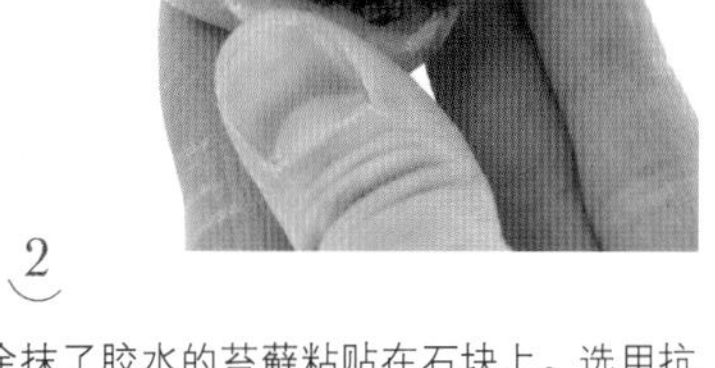

2

将涂抹了胶水的苔藓粘贴在石块上。选用抗干燥的苔藓，更易打理，持久耐养。

适合与苔藓混栽的

植物图鉴

苔藓喜欢比较潮湿的地方，下面将介绍与苔藓特性相近的植物。了解植物的特征，尽情欣赏叶、花、果吧。

 赏叶植物

 赏花植物

 球根植物

 赏果植物

屋久岛虎耳草

Saxifraga stolonifera

在屋久岛发现的叶子非常小的一种虎耳草。因为叶子小，所以可以放进玻璃瓶等容器中栽培。如果长出匍匐茎，剪掉即可。叶子长大了便可间苗，使新叶得以展开，从而保持小巧的造型。因不耐干旱，栽培应保持湿度。与尖叶匍灯藓、暖地大叶藓、梨蒴珠藓等特性相近。

杯盖阴石蕨

Humata tyermanii

骨碎补科植物，常绿品种。在背阴处或日照处均可生长。叶和茎都很漂亮，所以人气颇高。在瓶造景中，不适合制作有盖型，适合没有覆盖的设计。不喜欢总是潮湿的状态，所以在土干了以后再浇水即可。与梨蒴珠藓、大桧藓、桧叶白发藓特性相近。

斑纹木贼

Equisetum variegatum

木贼科的植物。细叶的小型品种。天然生长于北半球的北海道、西伯利亚等地。非常喜欢水，在大碗或容器中装满水，可将斑纹木贼浸至一半左右进行栽培。用短肋羽藓和斑纹木贼制作的苔藓球，可浸在水中栽培，在夏日欣赏非常有风情。斑纹木贼在寒冷地区会落叶，适合栽种在有阳光的地方。

长柄石杉

Huperzia javanica

天然生长于背阴森林边缘的腐叶土中。常绿，干燥的叶子呈刷子状。在植株底端分枝繁殖，成长缓慢。可在有盖的玻璃容器中栽培，放在室内明亮处观赏即可。水分多了，根部容易损伤，需多加留意。与桧叶白发藓、日本曲尾藓、梨蒴珠藓特性相近。

箱根草

Hakonechloa macra

禾本科植物，日本固有品种，特点是叶子的背面长至正面。遇微风便会随风摇摆，所以也叫风知草。有的叶子上有条纹，有的叶子上有斑点，还有的是黄金叶。看着就十分清凉，所以最好搭配适合夏季的苔藓球或其他山野草。冬季时，地上部分会枯萎，修剪掉即可。不耐干燥，一旦干燥叶子马上就会卷曲，所以应将容器放置在装满水的盘中。

大三角草

Hepatica nobilis var. japonica f. magna

毛茛科植物，春季开放可爱的花朵。花色与花型多样，摆在一起欣赏更具乐趣。叶子每年春季长出，常绿。花朵凋落后，还可以欣赏富有光泽的叶子，也非常美丽。可在轻石等雕刻的容器中或小高脚杯中，用排水良好的硬质赤玉土或硬质鹿沼土种植。从4月终至10月末，需避开直射阳光。

蓝花美耳草

Houstonia caerulea

茜草科植物，天然生长于北美明亮的森林边缘。从早春至6月，淡蓝色或白色的十字形花朵接连开放。叶子小巧，花茎挺立，纤细的姿态收获众多人气。植株根部不耐闷热，需用火山岩等栽种，或在盘子中大量培土高植其中。打理时需剪掉花梗和受伤的部位。是喜欢光照的植物。

有明堇

Viola betonicifolia var. *albescens*

是堇菜的同类。除黄堇等高山系的品种以外，均可用于制作苔藓瓶造景。可用自然播种的方法繁殖，但因为会阻碍其他植物的成长，所以需要多多留心。另外，每种堇菜都需要使用不同的种植方法。与短肋羽藓、桧叶白发藓等特性相近，需在半阴处栽培。

大文字草

Saxifraga fortunei var. *alpina*

是虎耳草科的植物，秋季开花，花似大字。花朵有粉色、红色、白色、黄绿色等颜色，也有重瓣的。其中红色个体与绿色苔藓的对比非常靓丽。用短肋羽藓做的苔藓球与其特性相近。非常不耐直射阳光和干燥，所以应在背阴处栽培并多多浇水。

苦苣苔

Conandron ramondioides

是一种仿佛粘在潮湿阴面岩石上生长的植物。在6月左右，会开出大量可爱的星星形花朵。除了紫色，还有白色、粉色。可种在火山岩中，或高植于没有孔的容器中，周围覆盖苔藓。非常不耐缺水和直射阳光，需在背阴处栽培。冬季落叶休眠。

钩突挖耳草

Utricularia warburgii

天然生长于中国西南部的狸藻科食虫植物。花的形状和海若螺科的海天使很像，所以也叫海天使挖耳草。与天然生长于南非的小白兔狸藻也是同类。与喜欢水的苔藓特性相近，在玻璃器皿中放入小粒赤玉土，种入钩突挖耳草，再在四周种上苔藓，放满水进行栽培。

溪荪

Iris sanguinea

初夏开花的溪荪科植物。在同类植物中，还有喜欢水边的玉蝉花、燕子花。在花盆中栽培，最好选择溪荪；搭配苔藓球或在大碗中放满水浸没栽培，最好选择玉蝉花、燕子花。溪荪作为初夏具有代表性的山野草而备受喜爱。栽培在通风良好的日照处，就能开出漂亮的花。

番红花

CrocusSativus L.

鸢尾科植物，春季从细长的叶中开出紫色、黄色、白色的花朵。天然生长于欧洲南部、地中海沿岸地区，也会在高山上生长。初夏落叶休眠。在苔藓瓶造景中，种植球根植物时，不能在球根的出芽位置铺满苔藓，需铺上小石子，在明亮的地方栽培即可。

迷你卡特兰

Cattleya Mini Cattleya

原种的卡特兰是附生于岩石或树木上的兰花。原产于中南美洲。通过将卡特兰与近缘品种杂交，得到了小型化的迷你卡特兰。迷你卡特兰较为耐寒，在室内的零上温度中便可越冬。种植后的苔藓干燥后再充分浇水。宜放在避开直射阳光的明亮处。

葡萄风信子

Muscari botryoides

天门冬（百合）科的植物，春季开出簇状的吊钟形花朵，有紫色、天蓝色、粉色、白色、黄色。夏季落叶休眠。虽然可以一直种在高脚杯等容器中完全不用打理，但到了秋季新叶就会伸得很长。在苔藓瓶造景中，可以种在适合出芽球根的高脚杯中，也可以高植于盘子里欣赏。

麦冬

Ophiopogon japonicus

天门冬（百合）科的植物。初夏开出淡紫色或白色的小星星状的花朵。冬季吊着漂亮的琉璃色小果实。可以在背阴处栽培，还可以搭配各种苔藓用于造景。根部耐水浸，在玻璃容器中放入小粒赤玉土，与大灰藓、短肋羽藓混栽就很好。

红莓苔子

Vaccinium oxycoccos

杜鹃花科植物，夏季开着淡粉色向后翻折的花，秋季长出通红的果实。别名蔓越莓更为人熟知。全世界共有4种。喜欢酸性土，可以埋入活的水苔中种植，也可以浸入水中栽培。栽培在日照处的话，秋季的红叶也很漂亮。

紫金牛

Ardisia japonica

报春花科植物。初夏时在叶子下开着小星星状的花朵，十分可爱。冬季结出通红或雪白的果实。有的叶子形状不同，有的叶子上有斑纹。可以在背阴处栽培，也可以全年在室内栽培。除了可以做成苔藓球，还可以在玻璃罐中盖着盖子栽培。

平铺白珠树

Gaultheria procumbens

梨叶白珠树的同类，天然生长于北美洲。初夏会开出大量与蓝莓相似的吊钟形花朵。冬季成簇结出大颗通红的果实，可以一直观赏到春季。在背阴处也可栽培，比其他同种植物更耐热。不耐干旱，要注意不能干燥。最好做成苔藓球或植于玻璃容器中。

苔藓的相关知识

了解苔藓

・苔藓的特点和构造

在万物新绿的季节，森林的林床（编者注：林床即枯枝落叶层）上密密实实地铺着苔藓绒毯，森林的微风清爽地吹着，全身被绿色包围，心灵不断被治愈。苔藓瓶造景也能让我们感受到这样的大自然。在房间中，如果有一个用绿色苔藓做成的苔藓瓶造景，不仅对眼睛有益，还能让我们凝神静气。苔藓是常绿植物，一整年都绿意盎然。

苔藓，究竟是一种怎样的植物呢？

苔藓在全世界约有2万种。如果再加上尚未确认的，还有更多种的苔藓自然生长于这个地球。从极地到热带地区，从草木罕见、环境严酷的高山到城市的柏油路旁，甚至是水中，都能见到苔藓。

那么，苔藓为什么能天然生长于如此多样的地方呢？

奥秘就藏在苔藓的构造中。苔藓，被认为是从水中登上陆地的原始植物。在水中，苔藓随时都能获取水分。苔藓既没有吸水的根，也没有运送水和养分、支撑自身的维管束，防止水分蒸发的表皮层也不发达。苔藓就以这样的状态，直接开始在陆地上生活了。

苔藓即使登上陆地，也和在水中时一样，用假根抓住土或石头，用全身吸收水分及空气中的微量养分，进行光合作用。在没有降雨的干燥期，苔藓就会进入休眠状态，一直忍耐到下一次降雨，苔藓的生态真是有趣极了。

凭借不对抗环境的柔和的生长方式和单纯的整体构造，苔藓能适应各种环境，茁壮地生存下去。

・苔藓的种类

苔藓大致可分为3类。真藓门（*Bryophyta*）、地钱门（*Marchantiophyta*）、角苔门（*Anthocerotophyta*）均为独立的分类群。这3个分类群可以统称为“苔藓植物”，但根据遗传因子分析的结果显示，它们为并系群（非遗传学上的单一种群）。

真藓门植物中，已知约有1000种拥有茎与叶区别明显的茎叶体，并有直立性的和匍匐性的。匍匐性的真藓类的枝比主茎短，匍匐或斜向上生长。匍匐时，整体呈扁平状分枝。叶子上有1～2条中肋，叶子为单细胞层，中肋部分则为多细胞层。假根为多细胞。颈卵器或精子器被苞叶保护着。直立性的真藓门在主茎顶端长有1个孢子体，匍匐性真藓门的主茎上长有多个孢子体。

……真藓门……

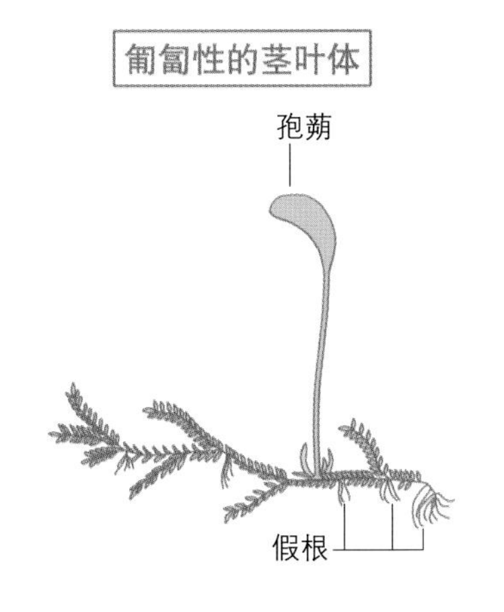

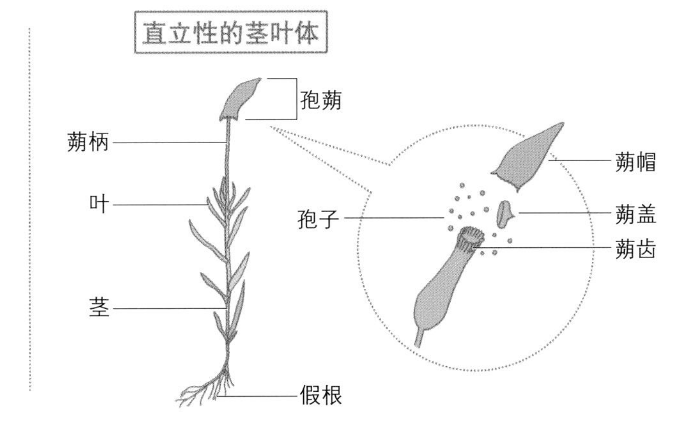

孢子体由孢蒴、蒴柄、基足构成，一旦成熟，顶端的蒴盖便会脱落，蒴齿根据干湿进行开合运动，长时间释放出孢子。除了利用孢子繁殖，还可以由无性芽进行无性生殖，茎与叶的一部分掉落后也可再生繁殖。

地钱门植物中包括具有茎叶体的叶苔目、具有叶与茎没有区别的叶状体且组织未分化的叉苔目、具有叶状体且组织已分化的地钱目。细胞中有油体，假根为单细胞。叶状体的叶的腹面有黏液毛或腹鳞片。茎叶体的叶长在茎上，有2列侧叶和1列腹叶（也有没有腹叶的种类）。孢子体由孢蒴、蒴柄、基足构成，一旦成熟，便会从孢蒴的顶端分成4瓣，弹丝等将孢子瞬间弹出至远处。

角苔门植物孢蒴呈棒状，像牛角一样，因此得名角苔。叶为叶状体，与地钱很像，但没有腹鳞片。假根为单细胞。体内有腔体供蓝藻共生，共生时呈蓝绿色。角状的孢蒴中间有蒴轴，一旦成熟，从孢蒴中间裂为两半，利用弹丝等将孢子弹出。

……地钱门……

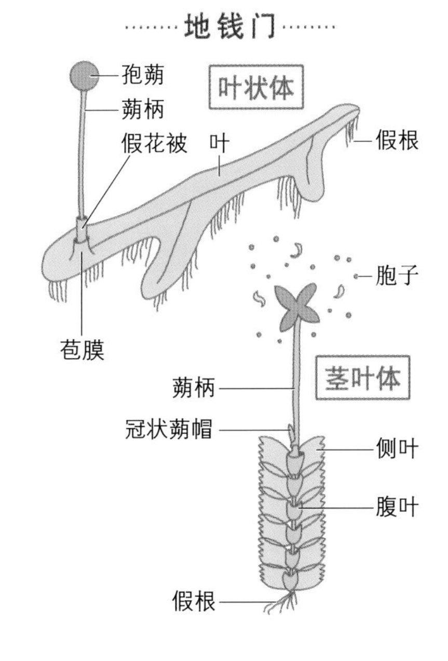

……角苔门……

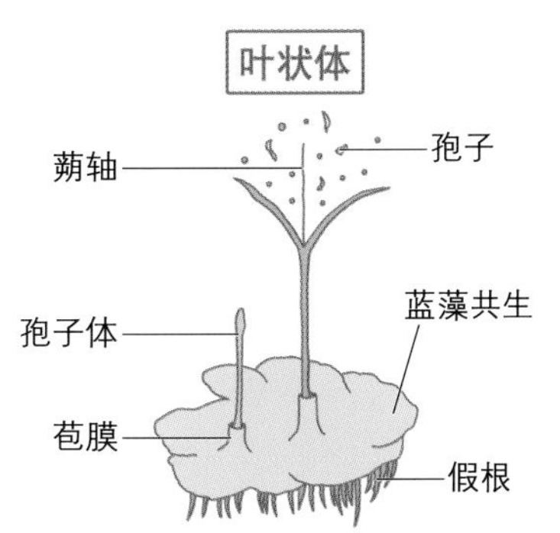

・苔藓的生命循环

苔藓自古就被用于寺庙等的庭院中，苔藓球和盆栽是人们追求的简约世界中不可或缺的东西。苔藓一直存在于我们身边。在平时不经意间通过的道路上，稍加留意，都能见到苔藓。

苔藓趁我们未发觉时长满了各个地方，比如庭院一角，或是在花盆中苔藓和其他植物一起和谐生长，还伸着可爱的孢子体。

在不知不觉间生长的苔藓，究竟度过了怎样的一生呢？这里就以真藓门的桧叶金发藓一类为例，用简单的示意图来表示。

首先，孢子发芽，细胞不断分裂，形成绿色丝状的原丝体。原丝体经过成长、分枝，长出了大量的茎叶体的芽。就这样，从一个孢子中生出了大量的茎叶体。

配子体就是由这个茎叶体和原丝体组成的。配子体经过生长，从茎的上方长出了精子器或颈卵器。雌雄同株是在一个配子体上既长了精子器也长了颈卵器。雌雄异株是在不同的配子体上分别长了精子器和颈卵器。配子体上的精子器产生精子。膜中包裹着精子的精细胞借助雨水等水的力量到达颈卵器。受精后，受精卵形成胚，在颈卵器中，经过不断的分裂发育成孢子体。

发育了的孢子体顶部膨胀，形成顶端有孢蒴的苔藓孢子体的形状。孢子体不断发育，顶破周围的袋状物，裂开后的上半部分变成蒴帽保护顶端。在这个孢蒴中，正在产生进行减数分裂的孢子。

孢子一旦成熟，顶端的蒴帽和蒴盖便会脱落，蒴齿根据环境的干湿开合，长期释放孢子。孢子不怕干燥而且很轻，能飘到很远的地方。孢子散布后，便又会开始上述的循环了。苔藓的孢子体在配子体上共生，并终其一生。

另外，苔藓也通过无性芽繁殖，包括从无性芽长出原丝体，经过发育进而长出茎叶体的芽，以及从无性芽直接长出茎叶体两种情况。长出茎叶体后形成配子体，同样重复上述的循环。

还有可能是茎或叶的一部分掉落后，长出新的茎叶体，利用这一点，可以将苔藓粉碎后进行播种繁殖。

在浅盘中铺上保持水分的不织布或泥炭土、硬质赤玉土等，再在上方播撒粉碎的苔藓，加盖遮光网，1~2 年便可长满。

像这样，苔藓可以用各种各样的方法持续繁殖。只要是适合自己的地方，在哪都能繁殖，长年累月便可不断进化，适应多种多样的场所了。毫无抵抗力的柔软的苔藓，蕴含着巨大的生命力。

……苔藓的生命循环……

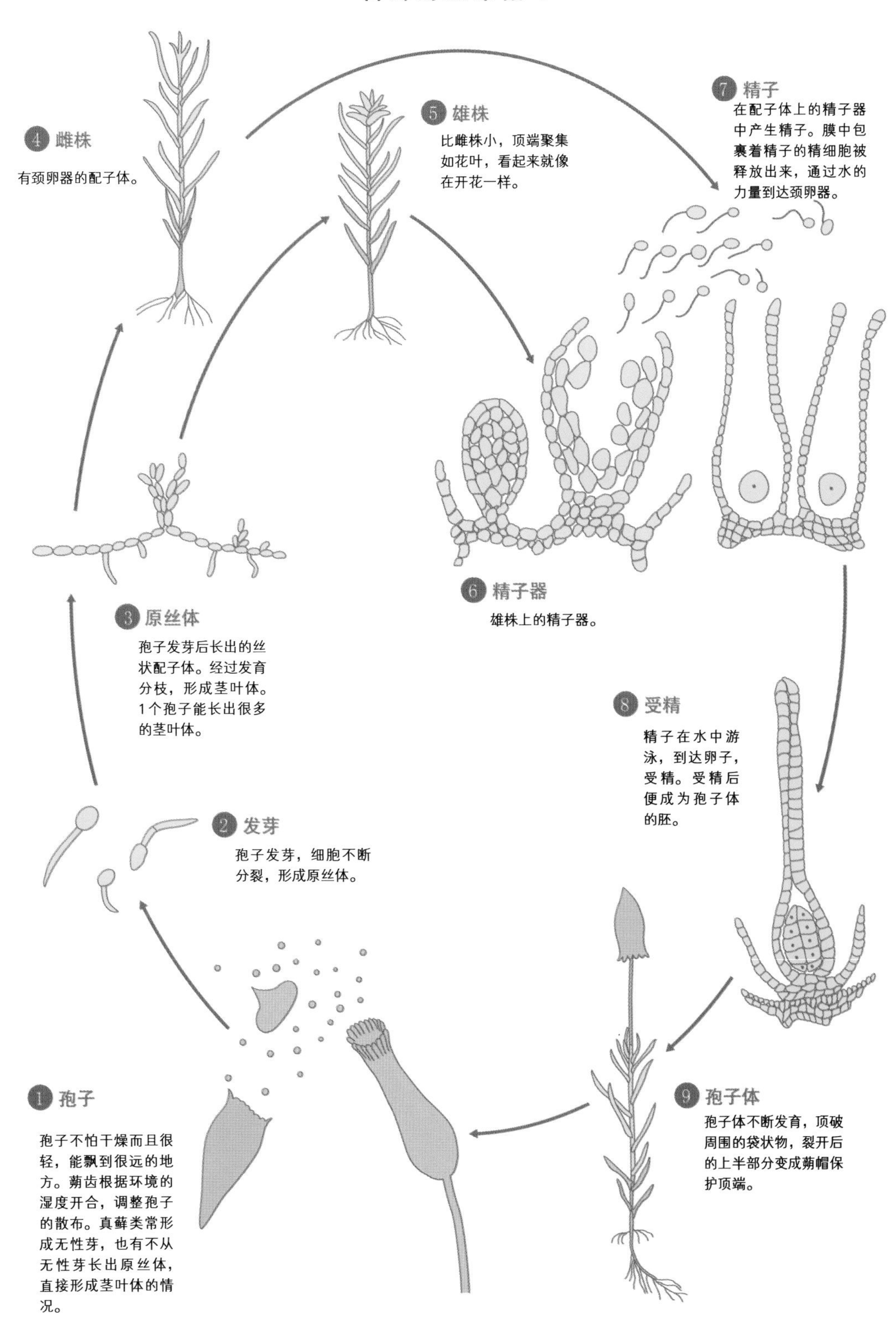

4 雌株
有颈卵器的配子体。
5 雄株
比雌株小，顶端聚集如花叶，看起来就像在开花一样。
7 精子
在配子体上的精子器中产生精子。膜中包裹着精子的精细胞被释放出来，通过水的力量到达颈卵器。
6 精子器
雄株上的精子器。
3 原丝体
孢子发芽后长出的丝状配子体。经过发育分枝，形成茎叶体。1个孢子能长出很多的茎叶体。
8 受精
精子在水中游泳，到达卵子，受精。受精后便成为孢子体的胚。
2 发芽
孢子发芽，细胞不断分裂，形成原丝体。
1 孢子
孢子不怕干燥而且很轻，能飘到很远的地方。蒴齿根据环境的湿度开合，调整孢子的散布。真藓类常形成无性芽，也有不从无性芽长出原丝体，直接形成茎叶体的情况。
9 孢子体
孢子体不断发育，顶破周围的袋状物，裂开后的上半部分变成蒴帽保护顶端。

四季的管理方法

放在屋外的苔藓瓶微景观或苔藓庭院里的苔藓，开始从褐色慢慢恢复成鲜亮的绿色。在室内明亮场所栽培的苔藓瓶微景观一直保持绿色。因为没有遭受寒冷，所以苔藓的颜色没有变成褐色这种冬季色。这个时期，也是长出新芽的季节。另外，有些种类的苔藓还会长出孢蒴。形状圆润可爱、人气颇高的梨蒴珠藓，以及揉搓后会散发柑橘系香味的蛇苔等，都是在早春长出孢蒴。

春季有温差，而且会格外干燥，在屋外的苔藓瓶微景观一天就可能变干。不过，大量浇水再看看，又会恢复成绿色、漂亮的样子了。

另外，这个季节东亚万年藓等会从土里长出像芦笋的新芽。新芽一点一点钻出来后，绿色的小叶子就像呲花一样长出来。如果将早春开的花放在甜品杯或玻璃杯里造景或是做成苔藓球，我一定会推荐利落又可爱的雪割草。如果可以的话，就在长出花蕾前制作吧。如果使用已经开放的花，需要注意在种植过程中不能让根干燥。

这段时间对苔藓来说是成长最快的季节。但是，这个时期也容易高温潮湿。屋外的苔藓和盘子中的苔藓如遇闷热很容易受伤，特别是日本曲尾藓和砂藓会变黄且枯萎。另外，桧叶白发藓和大灰藓可能会长根霉，发现后需要大面积剪掉。有盖的玻璃瓶型苔藓瓶微景观，时间久了瓶内导致苔藓腐败的细菌可能会增殖，使苔藓出现损伤。受伤处如果是叶尖，用剪刀多剪掉一些即可。

另外，如果是苔藓的根茎部受伤，需要去除受伤的部分，用棉签蘸取酒精涂抹受伤的位置。注意不要碰到绿色的叶子部分。

盛夏高温持续。如果天气干燥还没关系，但如果潮湿再遇上高温，苔藓很容易受伤。苔藓庭院可以用喷雾等方式降低气温。另外，有盖的玻璃瓶型苔藓瓶微景观需要放在空调房中培育，或者在酷热时期盖上盖子放在冰箱冷藏室中管理，待天气凉爽后再拿出来。没有盖子的开放式苔藓瓶微景观，需要在有空调的房间里进行除湿。每晚一次，喷雾浇水。

这个季节，苔藓难耐的暑热渐渐退去，但还不能放下警惕。夏日的高温时不时地就会卷土重来。苔藓庭院和放在室外的苔藓瓶微景观一遇高温就容易干枯。这个时候，需要在傍晚大量浇水。

有盖的玻璃瓶中的苔藓长出新叶，瓶内变得拥挤时，用剪刀剪掉一点。

天气一变凉，苔藓便会长出新芽，逐渐增多。一年之中，苔藓在春秋两季成长。春秋也是容易栽培的季节。这个时期，将苔藓剪成小片，撒在铺了硬质赤玉土的浅盘中便可繁殖。

临近暮秋时，有的苔藓也会变红。苔藓红叶也很值得欣赏。

另外，从秋到冬，可以制作各种各样的微景观。与春季开花的山野草苗一起种植时，使用落叶后的苗更易种植。种植时，可以将山野草的原土去掉，在玻璃杯等容器中放入硬质赤玉土（小粒）等，种入番红花、葡萄风信子、雪滴花、水仙等球根植物，在出芽的位置铺上沙砾，在四周种上苔藓，静待春天吧。

苔藓十分耐寒，即使冻了也不会受伤，但是苔藓却不耐寒风，绿叶会从边缘开始变成褐色。不同种类的苔藓，有的像泥炭藓的同类一样会长出冬芽，有的会变成红褐色。屋外的苔藓瓶微景观等，在特别干燥时需要放入发泡箱中，盖上盖子等待春天。

温度变化较小的室内的苔藓玻璃瓶微景观，苔藓的颜色到冬季通常还是绿色的。在苔藓瓶微景观中加入枫树或野漆树枝叶，想要欣赏红叶时，如果不放在较寒冷的地方，树叶是无法变红的。先放在室外经受寒冷，树叶开始变红后，再在室内欣赏吧。

在新年装饰用的苔藓瓶微景观中，使用松树或竹子枝条无须去掉花盆中的原土，梅花剪根后种植也不会受伤。

植物艺术

说到植物艺术，很多人都会想到因玫瑰画而闻名的皮埃尔–约瑟夫·雷杜德(Pierre-Joseph Redouté)（1759—1840）吧。雷杜德是比利时画家、植物学家，他为后世留下了《玫瑰图谱》等诸多植物版画。还有《艾希施泰特花园》的作者巴西利厄斯·贝斯莱尔（Basilius Besler）（1561—1629）、《克利福特园》的作者乔治·狄俄尼索斯·埃雷特（Georg Dionysius Ehret）（1708—1770）等植物学家，都精确地描绘了植物的特征和属性，确立了植物艺术的样式。

植物艺术画是仔细捕捉每个植物细部的特征后画出的。植物艺术历史悠久，1世纪，希腊医生、植物学家佩达努思·迪奥斯科里德斯（Pedanius Dioscorides）将草药集结成册，编纂了本草书《药物志（*Materia Medica*）》，之后加入了本草学家克拉泰夫阿斯（Krateuas）画的植物科学画，《药物志》在中世纪时被制作成大量的抄本。"维也纳抄本"（6世纪）等其中的一部分保存至今。从《药物志》这个名字看便一目了然，这本书是为了区分各种有价值的草药并利用草药治疗疾病等而写作的。此书详细画出了植物的特征和构造。比如，为了画出花朵的构造，书中分别画出花瓣、雄蕊、雌蕊、萼片等，以及种子、叶子的特征，甚至是根尖都要细细描画。

在欧洲各国中，英国尤为热爱植物的文化。英国境内有众多美不胜收的植物园，其中皇家植物园作为宫殿庭园于1759年开始修建。1787年，面向普通市民的杂志《植物学杂志》在皇家植物园的"邱园"创刊，并延续至今。

众多的植物科学画家中有一位叫詹姆斯·索尔比（James Sowerby）（1757—1822）。他的整个家族在近一个世纪的时间里都在为植物学和贝类学的书籍配图，索尔比堪称始祖。自皇家美术院学成后，索尔比追随海洋画家理查德·赖特（Richard Wright）修业，之后对当时颇受欢迎的花卉绘画产生了兴趣。索尔比在1787年与威廉·柯蒂斯（William Curtis）签约，为旧皇家植物园的《植物学杂志》绘制了最初4卷中的70余幅画。索尔比还留下了与爱德华·史密斯（Edward Smith）首相一起创作的18幅《花艺师·乐事》（Florist Delight）、440幅《英国的蘑菇》、120幅《异域花卉》等有名的画作。儿子詹姆斯和乔治、孙子约翰、曾孙米利森特都是画家。

索尔比不仅是画家、植物科学家，还是卓越的雕刻师。

另外，喙鲸的英文名Sowerby's beaked whale和紫缨百合属植物的属名*Sowerbaea*，都是以索尔比的名字命名的。

在日本江户时代，本草学家岩崎灌园著有《本草图谱》等。他从年轻时起就采集草药，开设药种种植场。《本草图谱》囊括约2 000种植物，是一部历经20年著成的集大成之作。

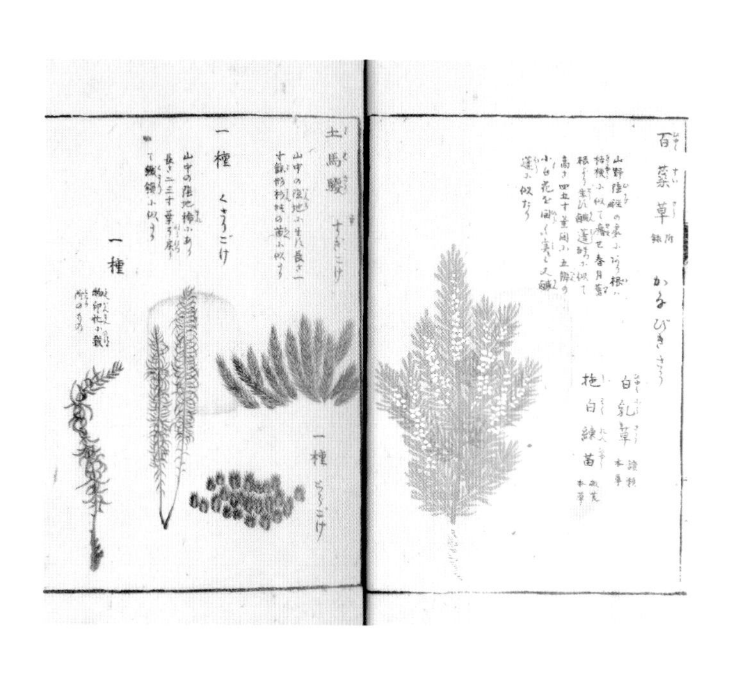

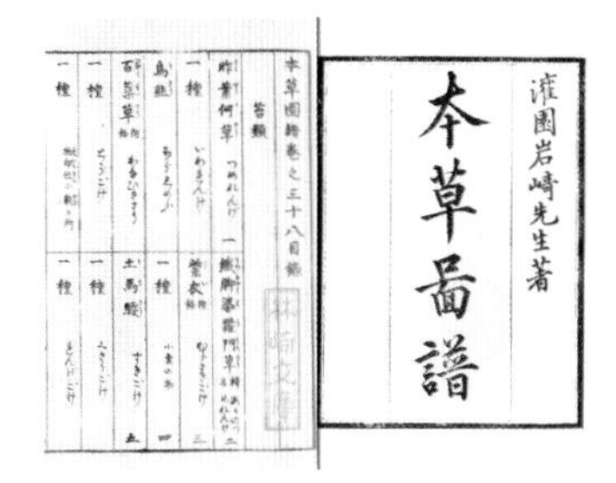

《本草图谱》

岩崎灌园（本名常正）

《本草图谱》是岩崎灌园自20岁起历经20年著成的植物图鉴，其中描绘了约2 000种植物。全96册的原稿本于1828年完成。曾出现过多个版本的抄本。在江户时代只印刷刊行了山草部（卷5~8）、芳草部（卷9~10），之后在大正时代复刻印刷了全卷。

《普通植物图谱》

1906年发行

村越三千男画、高柳悦三郎编、牧野富太郎校订／博物学研究会出版

这本珍贵的书中，在第1卷第11辑的下辑预告中出现了洲滨草和地钱，但实际在第1卷第12辑中并没有洲滨草的记载，只有地钱的记载。獐耳细辛属的学名是*Hepatica*，苔纲当时的名字是Hepatiacae。可能因为学名相似，所以只记载了地钱。

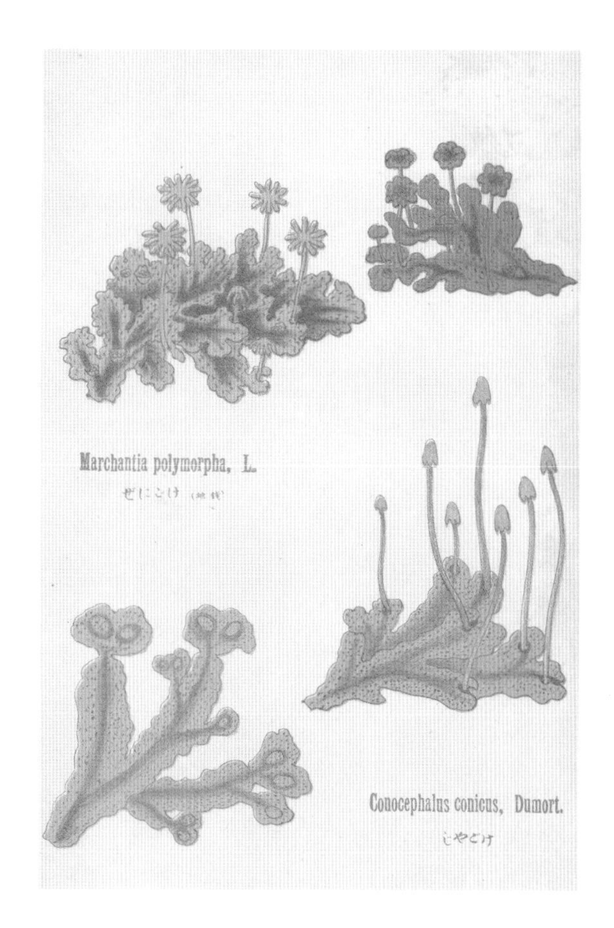

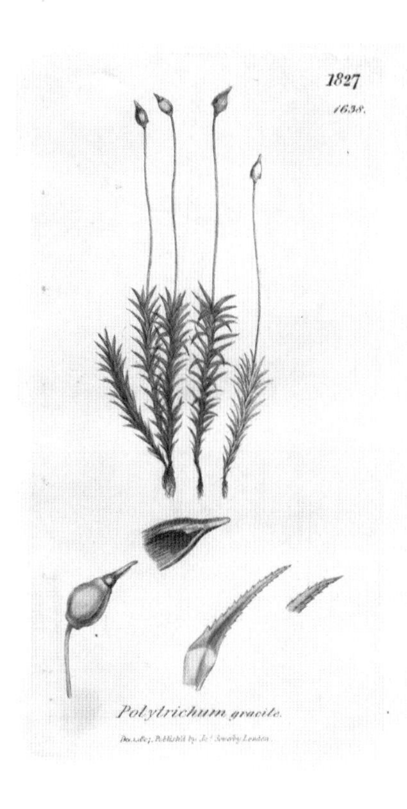

细叶拟金发藓(名称已修订，正名为：*Polytrichastrum longisetum*)
1807年2月1日
詹姆斯·索尔比
发表于伦敦

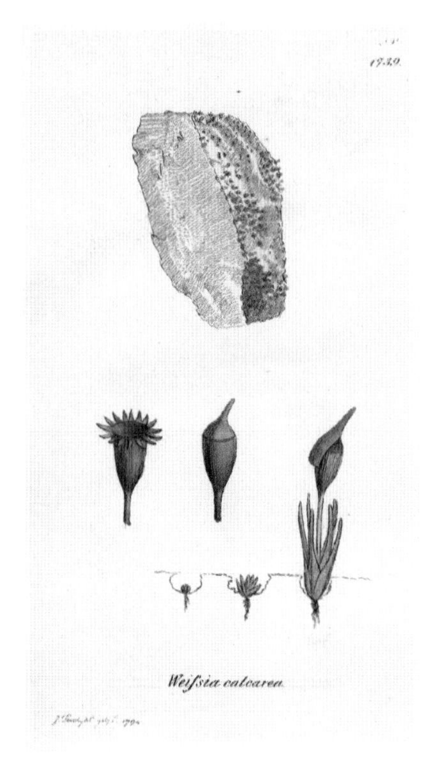

Dicranoweisia calarea
1794年7月1日詹姆斯·索尔比绘

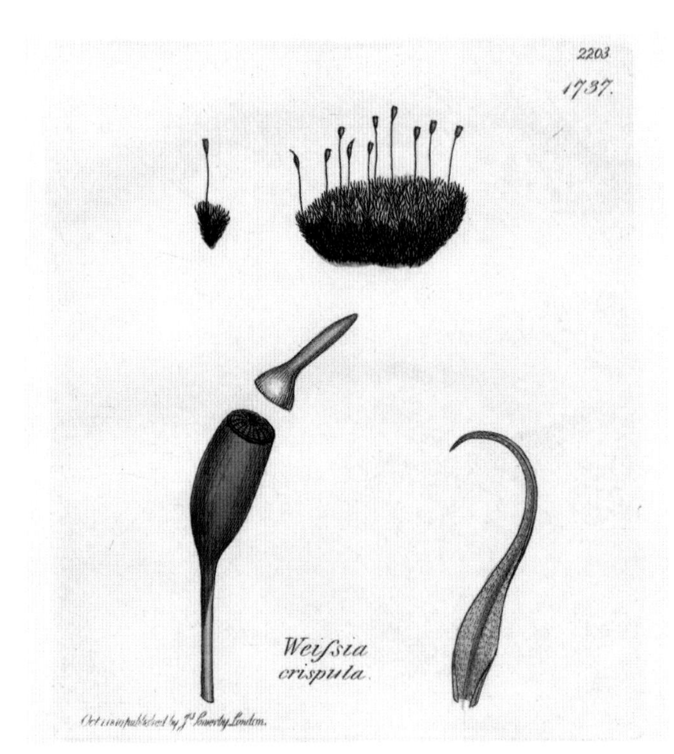

卷毛藓(名称已修订，正名为：*Dicranoweisia crispula*)
1810年10月1日
詹姆斯·索尔比
发表于伦敦

腋包藓（*Pteroganium filiforme*）
1811年7月1日
詹姆斯·索尔比
发表于伦敦

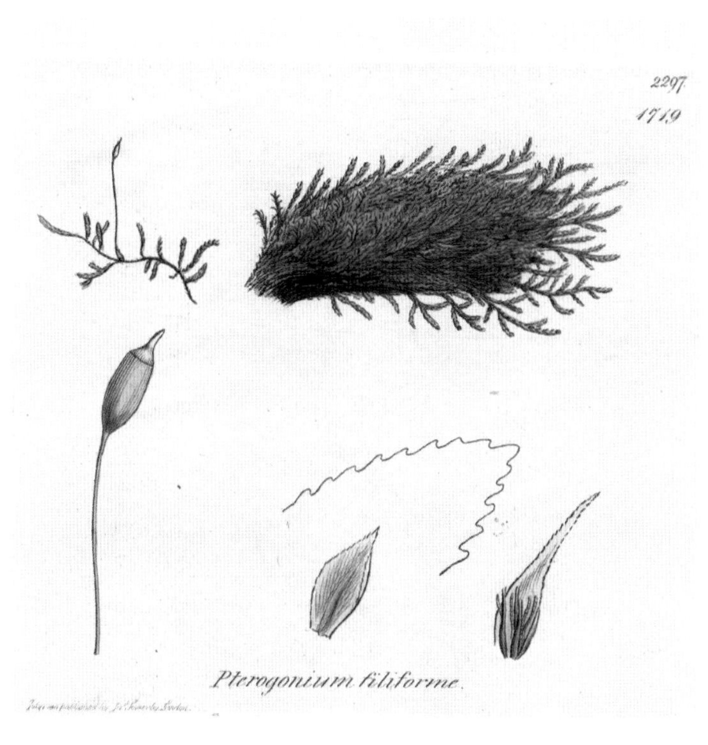

圆蒴紫萼藓（*Grimmia apocarpa*）
1803年2月1日詹姆斯·索尔比
发表于伦敦

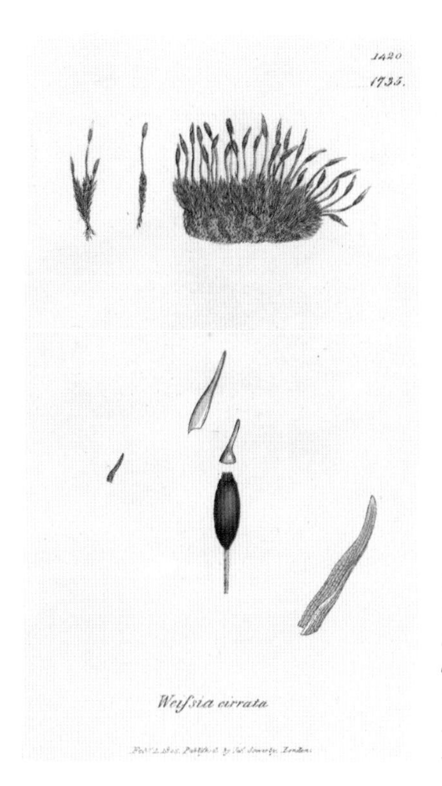

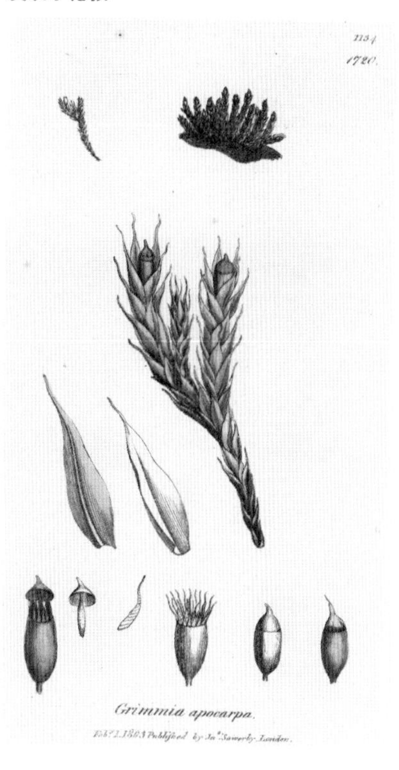

细叶卷毛藓（名称已修订，正名为：*Dicranoweisia cirrata*）
1805年2月1日
詹姆斯·索尔比
发表于伦敦

苔藓图鉴

下面介绍本书的作品中使用的苔藓，以及现实中比较常见的苔藓。不仅有苔藓的集群照片，还有苔藓结构的照片。而且，湿润时与干燥时，苔藓的外观差别很大，所以也加入了干燥状态的苔藓照片。

大灰藓

Hypnum plumaeforme

在日晒好的平缓斜面上呈垫状铺开。一般为黄绿色，冬季红叶会变成鲜艳的金黄色。干燥就会收缩，叶子的颜色也会更黄。茎的长度为10cm左右，叶子紧密。不耐自来水中的氯，也不耐碱性，处于该环境中叶子会变成土黄色进而枯萎。假根不喜欢浸水，所以要注意不能积水。分布于东亚和东南亚。

干燥状态

短肋羽藓

Thuidium kanedae

呈垫状生长于山地的半阴斜坡、岩石表面等处。因日照差异，叶子呈黄绿色至深绿色。在浸水的地方也能生长。茎的长度为15cm，叶子很细约1mm宽，紧密地长在茎上。冬季叶子会变成金黄色。叶子一旦干燥马上收缩。铺成薄片状后也不易散开，最适合做苔藓球等。

干燥状态

东亚砂藓

Racomitrium japonicum

生长于通风良好、有日照的岩石表面，以及沙地的草原、堆积沙子的道路两旁。环境好的话可以伸长至5cm左右，看起来像拖把。干燥时叶子变黄，叶尖变成白色，像扭扭棒一样收缩卷曲。下雨打湿或潮湿后，叶子会变成明亮的黄绿色。呈垫状铺展、繁殖，但假根基本不连在一起，根根分明。

干燥状态

日本曲尾藓

Dicranum japonicum

在明亮的背阴处、经常起雾的潮湿腐殖土上形成群落。在亚高山带中较多。茎直立长至10cm左右。茎的表面有白色的假根，所以很容易和相似的种类区分开。叶子细长，长度约10mm。叶子呈鲜艳的绿色。不耐高温潮湿，一旦闷热就会变成褐色进而枯萎。也不耐强风。

干燥状态

梨蒴珠藓

Bartramia pomiformis

生长于溪流沿岸的干燥斜面上，以及湿度高但没有阳光直射的明亮崖壁上。又细又尖的针状叶呈放射状生长，叶长约7mm，颜色为明亮的绿色。茎的高度为5cm左右。集群状的大块较多，有时会覆盖整个斜面。孢子圆润，起初为绿色，成熟后，从中间开始出现红色。虽然喜欢湿气，但假根不喜欢浸入水中。

孢蒴

蛇苔

Conocephalum conicum

生长于河边低洼处淋水的岩石上或有湿气的斜面、浸水的背阴斜面上。如果环境适宜，蛇苔能覆盖整个壁面。叶状体为有光泽的鲜艳的翡翠绿色，长度能长至10cm左右。从叶状体的背面伸出长长的白色丝状假根。弯折或揉碎叶子，会散发出薄荷系或柑橘系的清爽香气。

干燥状态

东亚万年藓

Climacium japonicum

生长于亚高山带、深山中有树间日照且湿度高的腐叶土中。细茎上有分枝，叶子约2.5mm长。茎的高度约10cm。近缘种的富士万年藓比东亚万年藓分枝更细。地下茎有分枝并且伸得很长，顶端伸至地上。

暖地大叶藓

Rhodobryum giganteum

在落叶堆积的平缓斜面、背阴的常绿树下会形成小群落。叶子展开时，形状很像撑开的油纸伞。长长的地下茎彼此相连。高度6~8cm，直立茎的顶端呈放射状长着1~2cm长的浓绿色长鳞片状叶子。

干燥状态

大桧藓

Pyrrhobryum dozyanum

多生长于溪流岩石缝隙中、明亮通风的树林的斜面上。多为10cm左右的集群，但如果环境适宜，也能铺满一整面。大桧藓更喜欢干燥的环境。茎约10cm长。叶子为不透明的黄绿色针状，长约10mm，细密地长在茎上。叶子干燥时会卷向内侧，细细地聚拢在一起。

干燥状态

干燥状态

桧叶白发藓

Leucobryum juniperoideum

生长于夹杂小沙砾的土地上、活的杉树树干表面或根部。高度为1~3cm，叶子的长度约4mm，呈针状。叶子湿润含有水分时，呈现出鲜艳的翡翠绿色，干燥时是接近白色的半透明的极浅的抹茶色。集群的大小一般为4cm左右，有时集群相连能覆盖一整面。

尖叶匍灯藓

Plagiomnium acutum

呈垫状生长于背阴的林道两侧、水边、常常湿润的岩地表面或有堆积物的岩石上。叶子是有透明感的绿色，在地面上蔓延。叶子呈卵形，顶端尖，长3mm左右。高度2cm，横向扩展。尖叶匍灯藓的雌株像开着绿色的小花。不耐强烈干燥，处于此环境中马上就会收缩。

干燥状态

白氏藓

Brothera leana

生长于山中河边低洼处的石窝中、有日照的大树根部或砂质土壤上。呈现光泽感很强的绿色，会形成圆形或椭圆形的集群。有时也会大范围铺展，覆盖地面。叶子长度1cm左右，呈针状。叶子很硬，所以即使干燥看起来也没有变化。湿润时光泽感更强。

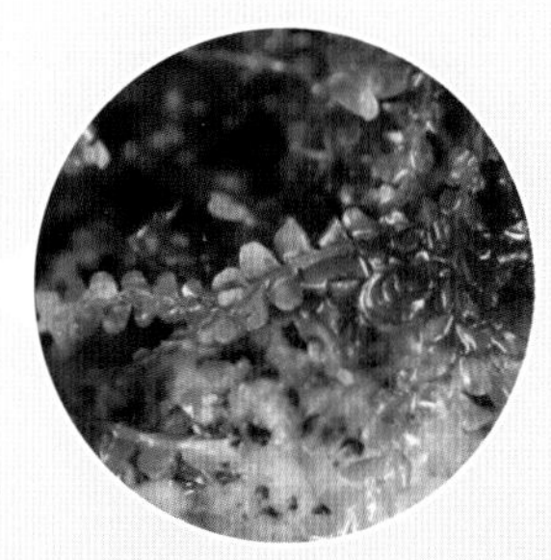

水藓

Fontinalis antipyretica

呈垫状生长于有涌泉流入的水洼中、有清流流入的小河的小石头或沙砾上。叶子的颜色为黑绿色。茎上长着3~8mm长的叶子。有的茎的长度能达到10cm左右。水藓、爪哇莫丝都是水草市场上销售的翡翠莫丝的一种。

干燥状态

大叶凤尾藓

Fissidens grandifrons

自然生长于瀑布两侧的岩石表面、明亮背阴处浸水的岩盘上、溪流两侧的崖壁上。茎下垂伸展，能长至5cm左右。不分枝，叶子像鸟的羽毛一样左右分开排列，长5mm左右。干燥时叶子呈黑绿色，湿润后呈现有光泽的浓绿色，形状像鸟的羽毛一样美丽。

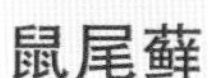

鼠尾藓

Myuroclada maximowiczii

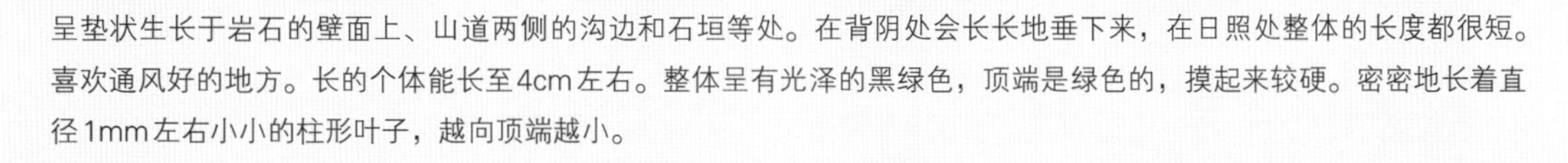

呈垫状生长于岩石的壁面上、山道两侧的沟边和石垣等处。在背阴处会长长地垂下来，在日照处整体的长度都很短。喜欢通风好的地方。长的个体能长至4cm左右。整体呈有光泽的黑绿色，顶端是绿色的，摸起来较硬。密密地长着直径1mm左右小小的柱形叶子，越向顶端越小。

偏叶泽藓

Philonotis falcata

生长于人工水渠能淋到水的侧沟壁面上、瀑布涌出的岩石表面。在红褐色的茎上长着很多有锯齿的细叶，叶子呈黄绿色，约2mm长。茎的高度为1~5cm。群生成2~5cm的群落。即使是沉水状态也能生长。喜欢较低的水温。如果不能经常淋到水，马上就会干枯。

干燥状态

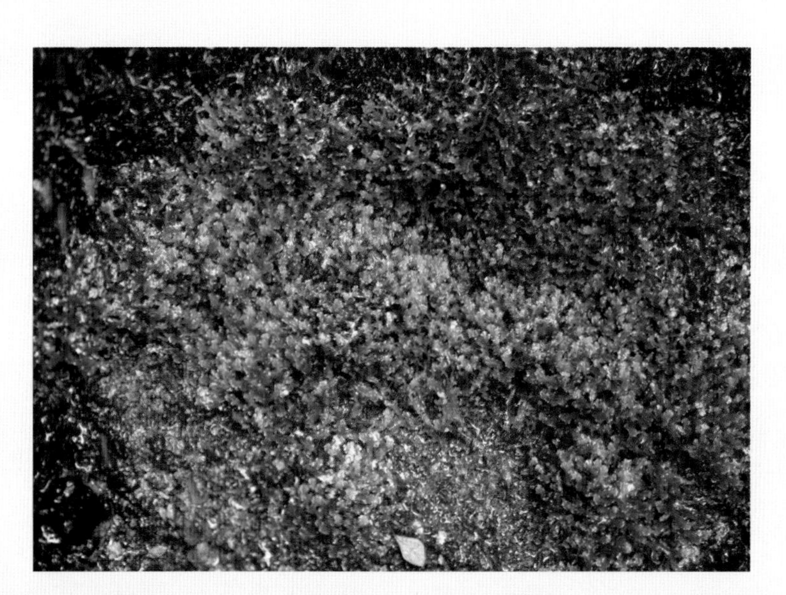

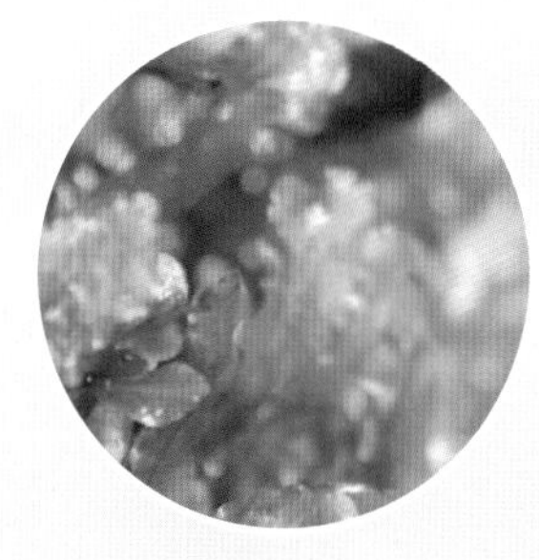

花叶溪苔

Pellia endiviifolia

在河边、涌泉流过的侧沟、浸水的岩地斜面上生长。一般为10cm左右的集群，也有大面积铺展生长的。叶子的颜色为明亮的绿色。叶子的长度为2~5cm，宽7mm左右。秋季至冬季，叶状体的顶端会长出缎带一样的无性芽。

干燥状态

狭叶白发藓

Leucobryum bowringii

呈集群状生长于半背阴的杉树根部附近干燥的地方。颜色柔和，非常引人注目。叶子比桧叶白发藓粗，而且硬硬地重叠在一起。叶子呈针状，长10mm左右。高度为1~2cm。干燥状态呈温和的浅薄荷绿色。湿润后颜色变深。

金发藓

Polytrichum commune

在高原的明亮树林中、林道两侧长成约50cm的巨大集群。不分枝，一枝一枝单独生长。叶子长度1cm，呈放射状生长。环境适宜的话，高度可以长至20cm左右。多数叶子的绿色直达中心，这在金发藓科植物中很罕见。干燥时，叶子聚拢呈棒状。

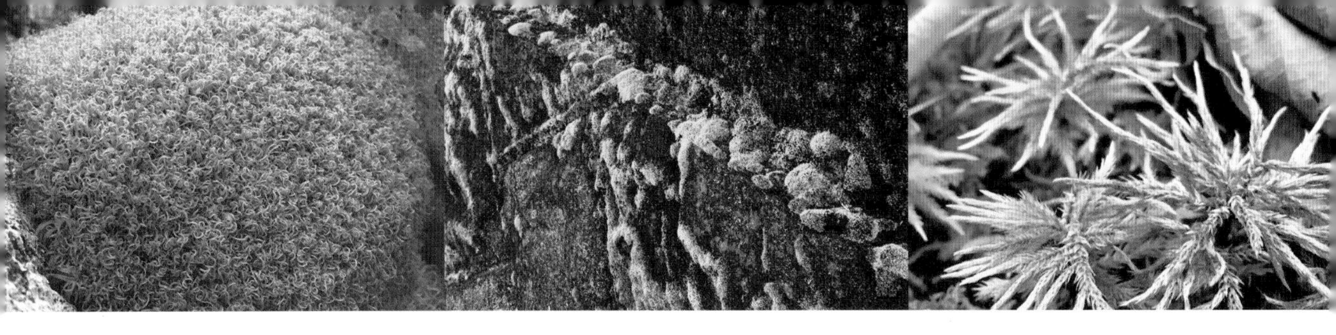

写在最后

因为新冠疫情的原因大家无法走出国门，在国内的时间就变多了。在这样的大环境下，能在室内观赏的苔藓瓶微景观和能在院子里实现的苔藓景观人气颇高。我的英国朋友告诉我，虽然一直禁止外出，但是能好好打理大院子也很开心。我在日本没有那么大的院子，也不怎么会园艺，真是遗憾。以往每年都会前往欧洲考察，拍摄苔藓、山野草、雪割草，现在不能去了，颇感寂寞。

出版社邀约这本书是在2019年的秋天，我执笔的杂志或书都尽量使用最新拍摄的照片，我希望传递给读者最新的信息。

我在得到邀约的秋天已经开始拍摄照片了。后来无法去海外拍摄了，在日本的拍摄也需要格外小心。受此影响，平时人山人海的地方，现在能轻松拍到只有景色的照片了。

这次，我要感谢在这样一个特殊的时期，让我写了一本精彩的苔藓瓶微景观的书。感谢摄影师蜂巢文香对我的无私帮助。感谢设计师岸博久精美的设计。感谢编辑黑田麻纪给了我这个难得的机会。感谢坂本晶子帮我拍摄了形象照，感谢助手石原由佳利的帮忙。最后还要感谢一直担心我身体的母亲。

2021年5月

大野好弘